AF001894

Kohlhammer

Jens Motsch

Meteorologie für die Feuerwehr

Die Auswirkungen des Klimawandels auf das Einsatzgeschehen

Verlag W. Kohlhammer

Dieses Werk einschließlich aller seiner Teile ist urheberrechtlich geschützt. Jede Verwendung außerhalb der engen Grenzen des Urheberrechts ist ohne Zustimmung des Verlags unzulässig und strafbar. Das gilt insbesondere für Vervielfältigungen, Übersetzungen, Mikroverfilmungen und für die Einspeicherung und Verarbeitung in elektronischen Systemen.
Die Wiedergabe von Warenbezeichnungen, Handelsnamen und sonstigen Kennzeichen in diesem Buch berechtigt nicht zu der Annahme, dass diese von jedermann frei benutzt werden dürfen. Vielmehr kann es sich auch dann um eingetragene Warenzeichen oder sonstige geschützte Kennzeichen handeln, wenn sie nicht eigens als solche gekennzeichnet sind.
Die Abbildungen stammen – sofern nicht anders angegeben – vom Autor.

1. Auflage 2019

Alle Rechte vorbehalten
© W. Kohlhammer GmbH, Stuttgart
Umschlagbild: »Pflotsh-Storm« der Andreas Garzotto GmbH,
Winterthur (CH), & der Kachelmann GmbH, Sattel (CH)
Gesamtherstellung: W. Kohlhammer GmbH, Stuttgart

Print:
ISBN 978-3-17-035448-7

E-Book-Formate:
pdf: ISBN 978-3-17-035450-0
epub: ISBN 978-3-17-035451-7
mobi: ISBN 978-3-17-035452-4

Für den Inhalt abgedruckter oder verlinkter Websites ist ausschließlich der jeweilige Betreiber verantwortlich. Die W. Kohlhammer GmbH hat keinen Einfluss auf die verknüpften Seiten und übernimmt hierfür keinerlei Haftung.

Inhaltsverzeichnis

Vorwort 7

1 **Einleitung** 11

2 **Meteorologische Grundlagen** 18
    2.1 Meteorologie als Wissenschaft 18
    2.2 Die Atmosphäre der Erde 19
    2.3 Wetterelemente und Klimafaktoren 22
    2.3.1 Eine kurze Übersicht 22
    2.3.2 Die Lufttemperatur 24
    2.3.3 Die Luftfeuchtigkeit: Wasserdampf und Lufttemperatur 26
    2.3.4 Luftdruck, Wind und Wettergeschehen 28
    2.3.4.1 Luftdruck 28
    2.3.4.2 Die Entstehung thermischer Hoch- und Tiefdruckgebiete 28
    2.3.4.3 Die Ablenkung der Winde durch die Corioliskraft 31
    2.3.4.4 Die Entstehung von Wind und seine Richtung 34
    2.3.4.5 Die Entstehung dynamischer Hoch- und Tiefdruckgebiete 39
    2.3.4.6 Die Zirkulation in den unteren Schichten der Mittelbreiten
        (Wettergeschehen) 45
    2.3.4.7 Das Wettergeschehen bei Durchzug einer Zyklone 46
    2.4 Großwetterlagen und Witterungssingularitäten 50

3 **Synoptische Meteorologie: Wettermodelle, Wettervorhersagen und**
   Wetterwarnungen 53
    3.1 Wetterbeobachtung als Grundlagen der Vorhersage 53
    3.2 Wettervorhersagemodelle 60
    3.3 Wettervorhersagen 67
    3.4 Prognose- und Vorhersageparameter in Wettermodellen 68

4 **Wetterbedingte Gefahren und Schadensereignisse** 77

5 **Auswirkungen des Klimawandels auf das Einsatzgeschehen** 84

Inhaltsverzeichnis

6 Fallbeispiele und Tipps für die Einsatzvorbereitung **90**
    6.1 Ein konvektives Gewitter 90
    6.2 Das Sturmtief »Fabienne« am 23.09.2018 93
    6.3 Ein »Drei-Stunden-Ereignis« im Saarland 107
    6.4 Ein kurzes Hagelgewitter am 04.05.2017 114
    6.5 Hochwasser 118
    6.6 Radardaten, Messwerte und weitere nützliche Parameter 119
    6.7 Planung, Bilanzierung und Einsatzauswertungen 127
    6.8 Wetter-Apps 129

7 Wetterdienste und Wetterdienstleister (Auswahl, Überblick) **132**

8 Das Wetter in der Feuerwehrpraxis **135**

    Nachwort und Danksagung **137**

    Literatur- und Quellenverzeichnis **139**

    Internetseiten **142**

Vorwort

Am 13.12.2018 veröffentlichte der Deutsche Wetterdienst (DWD) seinen alljährlichen Schadensrückblick für die Zeit vom 01.12.2017 bis zum 30.11.2018. Eine nüchterne Feststellung gab es gleich zu Beginn des Textes:

»Wie schon in den letzten Jahren zuvor traten auch 2018 deutschlandweit viele extreme Wettersituationen auf, die durch ihre Auswirkungen, nicht nur aufgrund von Hitze und Trockenheit, sondern auch durch Sturm, Starkniederschläge, Blitzschlag, Nebel, Glätte, Hagel und Tornados, direkt oder indirekt zahlreiche Menschenleben forderten. Besonders Unwetter verursachen regelmäßig in Deutschland empfindliche Störungen der Infrastruktur« (DWD 2018).

Auf mehreren Seiten listet der DWD monatlich sortiert extreme Wettererscheinungen und Unwetterereignisse inkl. ihrer Auswirkungen auf. Es wird deutlich: Extrem- und Unwetterlagen bereiteten bereits in der Vergangenheit den Feuerwehren und allen anderen Gefahrenabwehrbehörden in Deutschland viel Arbeit. Zudem ist die Wahrscheinlichkeit, dass sich solche und ähnliche Ereignisse – gleich welcher Intensität – künftig wiederholen oder immer öfter auftreten, gestiegen. Die Diskussionen über den Klimawandel und seine Auswirkungen haben im Jahr 2018 aufgrund der zahlreichen Extrem- und Unwetterlagen wieder enorm an Fahrt aufgenommen. In den letzten Jahrzehnten wuchs das Bewusstsein über die mitunter dramatischen Veränderungen der globalen Wettermuster und Klimabedingungen; die Prognosen über ihr Ausmaß weichen aber voneinander ab. Das macht es für die Gefahrenabwehr nicht einfach, sich auf die Zukunft hinsichtlich wetterbedingter Schadensereignisse vorzubereiten. Wir können aber durchaus lernen, mit den Zutaten in der globalen und regionalen Wetterküche umzugehen, den »atmosphärischen Kochtopf« zu beobachten und entsprechend zu reagieren.

Der Klimawandel und auch das Wetter haben sich im Laufe der letzten Jahre regelrecht zu Geschäftsmodellen entwickelt: Es gibt Unmengen an Wetter-Apps auf den Smartphones und Internetseiten von Wetterdienstleistern, in den Medien gibt es eine Vielzahl von Wettersendungen, die Literaturfülle (nicht nur Studien- und Fachbücher, sondern auch populärwissenschaftliche Darstellungen, v. a. in Zeitschriften) ist immens. Die Quantität ist unüberschaubar, die Qualität ist – wie das Wetter – extrem unterschiedlich.

Vorwort

Wetter gibt es jeden Tag, und das ist gut so, denn ansonsten würde ja der Gesprächsstoff fehlen. Wetter ist auch interessant und man kann auch mit seinen un- und extremwetterartigen Erscheinungen zurechtkommen, dies gilt umso mehr für die Gefahrenabwehr.

Dieses Buch ist kein meteorologisches Lehrbuch im eigentlichen Sinne. Dies würde den Rahmen schlicht sprengen. Ich möchte vielmehr zeigen, dass die Meteorologie bei aller Komplexität auch oder gerade deswegen für Feuerwehren wichtig ist, ohne dass man intensiv und tief in die Physik der Atmosphäre eintauchen muss. Man muss nur im Wesentlichen verstehen, was in der Atmosphäre geschieht und man muss vor allem wissen, wo man das findet, was man braucht und was einem hilft mit Extrem- und Unwetterlagen umgehen zu können.

Wenn man versteht, dass Wetter ein chaotisches System ist, dann sollte man auch gleichzeitig Verständnis dafür entwickeln, dass Vorhersagen daneben liegen können. Vorhersagen sind schwierig, das gilt für das Wetter, für das Klima umso mehr!

Ich habe im Laufe der Jahre mit einigen Wetterdiensten zusammengearbeitet und dabei auch eine Vielzahl unterschiedlicher Quellen von Wetterdaten und Wettermodellen genutzt. Aus meiner Erfahrung heraus empfehle ich, verschiedene Anbieter sowie ihre Möglichkeiten und Angebote zu testen, auszuprobieren und v. a. zu vergleichen (grafische Darstellung, Modellauswahl, Wetterparameterauswahl, Radardaten, Erklärungen/Erläuterungen, Ansprechpartner oder Hotline, Videos, Live-Ticker etc.). Man kann auf diese Weise feststellen, wer verlässlich ist und v. a. mit welchen Darstellungen man selbst am besten zurechtkommt: Was nutzen die schönsten Grafiken, wenn man sie selbst nicht lesen oder interpretieren kann? Wer liest im Einsatzfall gerne mehrere Seiten Text und sucht sich dann erst noch die wesentlichen Informationen zusammen?

In diesem Buch werden Sie Abbildungen finden, die von Wetterdiensten stammen. Ich nutze grundlegend die Daten des Deutschen Wetterdienstes (www.dwd.de bzw. www.wettergefahren.de), sowohl ihre Internetseiten als auch ihre Warnwetter-App. Die besten Erfahrungen habe ich selbst aber mit den sehr umfangreichen Daten und Informationen der Kachelmann-Gruppe (www.kachelmannwetter.com) gesammelt; die Darstellungen sind aus meiner Sicht übersichtlich und vielfach auch selbsterklärend, so dass diese Abbildungen für Erklärungen und die Wissensvermittlung sehr gut geeignet sind. Im Übrigen bieten die Meteorlogen der Kachelmann-Gruppe auf einer gesonderten Internetseite (www.wetterkanal.kachelmannwetter.com) eine Vielzahl an Erklärvideos u. v. m. an; empfehlenswert sind auf dieser Seite auch sog. Live-Ticker bei Unwetterlagen, die im Minutentakt aktualisiert werden. Videos zu Unwetterlagen usw. gibt es zudem auch auf dem YouTube-Kanal des DWD.

Vorwort

Da in Deutschland besondere Wetterlagen im Sinne von Unwetterereignissen in den seltensten Fällen als sog. »breaking news« in den Medien live begleitet werden, ist ein Internet-Live-Ticker eine gute und v. a. sehr aktuelle Informationsquelle. Berichterstattungen im Nachgang zu einem Ereignis sind im Sinne der Nachrichtenverbreitung und der Information der Öffentlichkeit sinnvoll, noch sinnvoller wäre es aber die Bevölkerung auch vorab zu warnen und auf dem Laufenden zu halten; hier sind die US-amerikanischen Medien in der Tat den unseren einen großen Schritt voraus. Also bleibt uns nur der Weg, uns selbst zu informieren.

Und nun das Wetter…

Homburg (Saar), Dezember 2018

Jens Motsch

1 Einleitung

Die Wettervorhersage ist seit jeher für viele eine wichtige Information gewesen. Die Laune schwankt mit dem Wetter ebenso wie die Temperaturanzeige auf dem Thermometer, vor allem bei denjenigen, die nicht in Büros arbeiten. Viele von ihnen leiden subjektiv unter den Wetterkapriolen. Das Wetter beeinflusst direkt oder indirekt das Leben der Menschen, die mithin schon immer ein lebhaftes Interesse am Wetter und dessen künftiger Entwicklung besaßen, da viele ihrer Aktivitäten in starkem Maße vom Wettergeschehen beeinflusst werden. Wetter ist nicht nur unser täglicher Begleiter, der auch unsere Stimmungen und Planungen beeinflusst, es kann auch zu einer (dramatischen) Bedrohung werden und zu (immensen) Schäden führen.

»Der alte Mann starrte zum Himmel, wo sich die Wolken türmten. «Wir können jetzt nur eines tun."
»Und das wäre?«, fragte seine Frau.
»Beten.«
Und dann kam der Sturm und zerstörte alles, was sie in unermüdlichem Fleiß geschaffen hatten.»
(Durschmied 2002)

Das Wetter hatte schon immer mitunter tiefgreifende und ebenso weitreichende Konsequenzen für die Menschen. Dabei ist es aber auch nicht immer nur das sogenannte schlechte Wetter, das zum Unglück führt; gutes Wetter kann ebenso gravierende Folgen haben. Daher spielt auch die Wettervorhersage für uns insgesamt eine so wichtige Rolle.

Aber was ist Wetter überhaupt? Wetter ist die Beschreibung des Zustands der unteren Atmosphäre an einem bestimmten Ort zu einer bestimmten Zeit mit Hilfe der Parameter Luftdruck, Temperatur, Luftfeuchte, Wind, Bedeckungsgrad und Niederschlag. Wetter ist aber auch viel mehr. Ohne Wetter gäbe es kein Leben, Wetter kann wunderschön sein, ungemütlich, sogar gefährlich und schlimmstenfalls tödlich. Wetter ist aber auch rätselhaft: Von einer Minute auf die nächste kann es umschlagen in Gewitter, Hagel oder Sturm. Es kann ersehnten Regen bringen und unerträgliche Hitze. Es kann vernichten und Urlaubsträume platzen lassen. Und die Wettervorhersage ist einfach gesagt nichts anderes als die Prognose der raumzeitlichen Änderungen dieser meteorologischen Parameter.

1 Einleitung

Bild 1: Früher wurde Wetter gut geraten, Bauernregeln halfen dabei! Manchmal hat man den Eindruck, Wettervorhersagen würden nach wie vor gewürfelt, v. a. dann, wenn es nicht gepasst hat.

Früher waren Wettervorhersagen meist mehr oder weniger gut geraten, das Wetter galt als »Gott gegeben« oder glückliche Fügung. Die Wettervorhersage war stets ein riskantes Geschäft, und die Glaubwürdigkeit steht und fällt möglicherweise mit dem Eintreffen der letzten Vorhersage. Vor allem bei Wetterereignissen, die außergewöhnlich sind und oft zu hohen Sach- und nicht selten auch zu Personenschäden führen, gerät die Wettervorhersage in den Mittelpunkt des Interesses. Hinzu kommt auch, bedingt durch die stetige mediale Thematisierung von Extrem- und Unwetterlagen, eine stark gestiegene Wahrnehmung solcher Ereignisse (auch bedingt durch soziale Netzwerke). Die modernen Kommunikationsmöglichkeiten verstärken dadurch noch den Eindruck, extreme Ereignisse nähmen zu und träten im Vergleich zu früher, als sich Nachrichten wesentlich langsamer verbreiteten, häufiger auf. In der subjektiven Betrachtung vieler Menschen entsteht so der Eindruck, Unwetter und Extremwetter nähmen an Schwere und Häufigkeit zu und der sehr oft in solchem Zusammenhang betrachtete Klimawandel sei schon angekommen. Klar ist, dass z. B. im Rückblick auf die Jahre 2017 und auch 2018 tatsächlich auffällig viele Ereignisse wie Starkregen und Stürme, aber auch Trockenheit bzw. Dürre sowie Hitze verzeichnet wurden. Dies hängt mit hoher Wahrscheinlichkeit mit dem Klimawandel zusammen, kann aber anhand entsprechender statistischer Werte bislang (noch) nicht eindeutig belegt werden. Klima und Wetter hängen zwar miteinander zusammen, sind aber ganz unterschiedliche Dimensionen.

Wetter ist im Grunde genommen eine Momentaufnahme des atmosphärischen Geschehens an einem bestimmten Ort zu einem bestimmten Zeitpunkt; Wetter beschreibt das Hier und Jetzt.
Klima ist grundsätzlich das über 30 Jahre gemittelte Wetter einer bestimmten Region; Klima ist also statistisches Wetter innerhalb von 30 Jahren.

1 Einleitung

Was aber auch unmissverständlich feststeht, ist die Tatsache, dass Hilfsorganisationen im Rahmen der sog. nichtpolizeilichen Gefahrenabwehr mehr denn je bei Extrem- und Unwetterlagen gefordert sein werden, da diese Ereignisse hohe Anforderungen an Personal und Material, v. a. aber an die Koordination stellen. Ressourcen werden insgesamt knapper, aber die wetterbedingten Risiken steigen an, was letztlich auch bedeutet, dass die Anforderungen an Einsatzplanung und Einsatzvorbereitungen gerade für Feuerwehren sowie THW (und auch kommunale Betriebshöfe, die vielfach gleichzeitig gefordert sind) ebenso ansteigen.

Die Risiken für Menschen, Tiere, Sachwerte und Infrastrukturen hängen vom jeweiligen Wetterereignis ab. Die Höhe eines wetterbedingten Risikos ergibt sich allgemein aus der Eintrittswahrscheinlichkeit und der potentiellen Schadenhöhe. Alle wetterbedingten Risiken und damit auch die Vielzahl unterschiedlicher wetterbedingter Einwirkungen kann nur schwer erfasst und bewertet werden, allenfalls ist eine stetige Bewertung der Risikolage auf operativ-taktischer Ebene während eines Ereignisses erforderlich. Unabdingbar notwendig ist aber im Vorfeld zur Einsatzvorbereitung die Kenntnis über mögliche risikobehaftete Entwicklungen der Wetterlage; nur so kann auch eine proaktive Planung und Vorbereitung erfolgen (vgl. z. B. Ott 2018).

Tabelle 1: *Beispiele zu aus den Medien zu Extrem- und Unwetterlagen*

Quelle:	Zitat/Schlagzeile:
Feuerwehr-Magazin Nr. 5/2018	»Friederike hat uns geschockt«
Feuerwehr-Magazin Nr. 11/2018	»Moorbrand steigert sich zur Katastrophe« »Wetter-Phänomen und Brandrauch sorgen für Falschalarme« »Wälder in Flammen«
Saarbrücker Zeitung v. 30.05.2016	»Wenn der Tod vom Himmel kommt – Toter und mehrere Verletzte bei Blitzeinschlägen in Europa« »Unwetter wüten über der Region – Bis zu 40 Liter Regenwasser pro Quadratmeter fallen innerhalb weniger Stunden« »Starkregen überschwemmt Straßen im Saarland«
Die Welt kompakt v. 30.05.2016	»Hagel und Verwüstung – Blitzeinschläge haben am Wochenende Dutzende Menschen verletzt, ein Wanderer starb. Es drohen weitere Unwetter«

1 Einleitung

Tabelle 1: *Beispiele zu aus den Medien zu Extrem- und Unwetterlagen – Fortsetzung*

Quelle:	Zitat/Schlagzeile:
Die Welt kompakt v. 31.05.2016	*»Bilder wie nach einem Tsunami – Schwere Unwetter verwüsteten den Süden des Landes. Vier Menschen sterben.«*
Saarbrücker Zeitung v. 06.06.2016	*»Schwere Unwetter im Saarland – Verletzte bei Rock am Ring«*
Die Welt kompakt v. 06.06.2016	*»Die Lage ist brenzlig – zahlreiche Einsätze halten die Retter in Baden-Württemberg auf Trab, und in Bayern rufen Behörden wieder den Notfall aus«*
Saarbrücker Zeitung v. 08.06.2016	*»Starkregen zwingt Helfer im Land zu Dauereinsatz – Überflutungen in allen Kreisen, auch heute Unwetter-Gefahr«* *»Erneut Unwetter im Saarland – Sturzfluten, Wasserblasen, weggespülte Bürgersteige – Landesweit knapp 300 Einsätze«*
Saarbrücker Zeitung v. 09.06.2016	*»Das Haus steht noch, wir leben – Dirminger Bürger erholen sich von dem Unwetter-Schock, mehrere Gebäude gelten vorerst als einsturzgefährdet«* *»3000 Unwetterwarnungen in zwei Wochen – Meteorologen: Beispiellose Serie von Gewittern – bislang elf Todesopfer in Deutschland«*
Frankfurter Allgemeine v. 30.04.2018	*»Im Westen Deutschlands: Schweres Unwetter trifft Eifel und Niederrhein – Überschwemmte Straßen, vollgelaufene Keller: Ein Unwetter hat den Westen Deutschlands schwer getroffen.«*
Luxemburger Wort v. 30.04.2018	*»Schwere Gewitter – Rund 200 Feuerwehreinsätze: Am Sonntagabend ist eine schwere Gewitterfront über das Land gezogen. Starkregen, heftige Windböen, große Hagelkörner und ein Erdrutsch hielten die Feuerwehren des Landes auf Trab«*
Saarbrücker Zeitung v. 14.05.2018	*»Geröll lag 20 Zentimeter hoch auf der Straße – wegen eines Unwetters in der Nacht auf Sonntag mussten Feuerwehr, THW und Polizei zu zahlreichen Einsätzen ausrücken«*

1 Einleitung

Tabelle 1: *Beispiele zu aus den Medien zu Extrem- und Unwetterlagen – Fortsetzung*

Quelle:	Zitat/Schlagzeile:
Saarbrücker Zeitung v. 02./03.06.2018	»Schwere Unwetter richten im Saarland Millionenschäden an« »Verheerende Schäden nach Gewitter-Nacht« »Gemeinde kämpft sich aus dem Schlamm« »Reißende Fluten, wo sonst Straßen sind« »Heftiger Starkregen flutet etliche Häuserkeller – Feuerwehr und THW waren nach einem Extremwetter im St. Ingberter Stadtgebiet an mindestens 300 Stellen im Dauereinsatz«
Saarbrücker Zeitung v. 04.06.2018	»Keine Ruhe nach dem Sturm – Nach dem Unwetter zeigen sich die Saarländer solidarisch« »Feuerwehren waren am Wochenende im Dauereinsatz«
National Geographic v. 08.11.2018	»Extreme Wetterereignisse könnten in Zukunft 50 % häufiger auftreten – Die Arktis wird immer wärmer und entzieht dem Jetstream so seinen Treibstoff« »Ein denkwürdiger Sommer: Dürren, Hitzewellen, Waldbrände und Überschwemmungen (…) zerstörerische und langanhaltende Wetterextreme.«

Immer häufiger geraten extreme Wetter- und Unwetterereignisse in die Schlagzeilen (vgl. Tabelle 1). Je häufiger solche Schlagzeilen zu lesen und solche Ereignisse in den Medien präsent sind, umso häufiger taucht auch die Frage auf, ob die globale Klimaerwärmung daran schuld ist. Es gibt auch mittlerweile so gut wie keinen Tag, an dem das Wetter eben nicht in den Schlagzeilen ist, was den Eindruck insgesamt noch verstärkt.

Aber: Unwetter gab es auch in der Vergangenheit und selbstverständlich ist es umso wahrscheinlicher, auf Extrem- oder Unwetterereignisse zu stoßen, je weiter die Beobachtung eines Phänomens in die Vergangenheit zurückreicht. Wetter scheint allerdings – nimmt man nur die Nachrichten als Grundlage – allerorten immer unsteter zu werden: Es entsteht der Eindruck, es gäbe kein »Normalwetter« mehr. Tatsächlich existiert auch so etwas wie »Normalwetter« überhaupt nicht, denn Wetter ist per se wandelbar. Es bildet immer nur den aktuellen Zustand unserer Atmosphäre ab und eben der verändert sich ständig. Wetter ist chaotisch. Das Wettergeschehen zeigt im Jahresverlauf weltweit oft wenig Beständigkeit, dafür aber immer wieder extreme Ausprägungen.

1 Einleitung

Müssen wir uns mehr als bisher auf extreme Wetterereignisse als Gefahrenabwehrbehörden lokal, regional sowie länderübergreifend einstellen?
Wetterentwicklung als Auswirkung des Klimawandels?
Reichen unsere bisherigen personellen und technischen Ressourcen aus?
Ressourcenanpassung durch Klimawandel?
Welche zusätzlichen Aus- sowie Fortbildungsmaßnahmen sind notwendig?
Wissenserweiterung durch Klimawandel?
(Fragen von Claus Lange, Editorial BRANDSchutz/Deutsche Feuerwehr-Zeitung 09/2018, mit Anmerkungen des Autors)

Trockenheit, Starkregen, Hochwasser und die damit auch einhergehende Bedrohung der Infrastrukturen durch Naturgewalten sind schon immer besondere Herausforderungen gewesen und werden zukünftig noch häufiger, wahrscheinlich auch intensiver, werden. Diesen Herausforderungen müssen sich auch die Gefahrenabwehrbehörden stellen. Während anfänglich »nur« das Wetter und die Wetterprognose im Mittelpunkt des Interesses standen, dann lange Zeit der Klimawandel an sich und der Klimaschutz in den Blickpunkt gerückt waren, gewinnt mittlerweile – wohl angesichts der Extrem- und Unwetterereignisse der vergangenen Jahre – eher der Aspekt »Anpassung an die regionalen Folgen des Klimawandels« an Diskussionsrelevanz: Das Unbeherrschbare vermeiden (Klimaschutz) und zugleich das Unvermeidbare beherrschen lernen (Klimaanpassung)!

»Alles ist ganz einfach, es gelten die Gesetze der Physik. [...] Was aber wissen wir, was erwartet uns wann und mit welcher Wahrscheinlichkeit? Wer ist betroffen, und was kann, was muss jetzt bereits getan werden?«
(Uwe Buse u. a., »Nass« in: Der Spiegel, Nr. 49 v. 01.12.2018, S.12 ff.)

Feuerwehren (und auch andere Gefahrenabwehrbehörden) haben bei Kenntnis einer für sie relevanten Gefahrenlage Maßnahmen in eigener Zuständigkeit zu ergreifen. Bei entsprechenden Wettergefahren sind dies zunächst in aller Regel vorbereitende Maßnahmen. Die Rechtsprechung in Deutschland weist den Kommunen mithin auch eindeutige Warnpflichten zu. Die entsprechenden Landesgesetze beinhalten dabei nicht nur die akute Gefahrenabwehr (also die Reaktion auf ein bereits eingetretenes Ereignis), sondern auch die vorbereitenden Maßnahmen wie z. B. Informationsbeschaffung, Informationsbewertung und Informationsweitergabe. Daraus resultiert auch die Pflicht aller Kommunen, alle ihnen zur Verfügung stehenden Möglichkeiten zu nutzen, um sich über drohende wetterbedingte Schadenlagen zu informieren (vgl. Müller 2019). Darüber hinaus kann auch »normales« Wetter bzw. dessen Prognose

1 Einleitung

bei anderen Schadenlagen von Interesse sein (z. B. Rauchausbreitung bei Großbränden, Wetterlage bei Vegetationsbränden, Gefahrstoffausbreitung bei Gefahrgutlagen).

Im Laufe der vergangenen Jahre haben sich die Möglichkeiten der Informationsbeschaffung vervielfacht. Es gibt eine Vielzahl z. B. an Wetter-Apps auf Smartphones, Internetseiten mit Wetterinformationen und auch Informationen über die Kanäle der sozialen Netzwerke wie Facebook oder Twitter. Es handelt sich dabei aber nicht immer um Wetterdienste (privat oder öffentlich-rechtlich), sondern auch um private Betreiber. Die Qualität der Daten und der Informationen ist nicht in allen Fällen gesichert, unseriöse Anbieter gibt es leider auch hier. Allerdings gibt es auch Wetterdatenanbieter und Wetterdienstleister, die gute bis sehr gute Daten zur Verfügung stellen, die für Gefahrenabwehrbehörden sinnvoll nutzbar sind.

Ziel dieses Buches soll es daher sein, anhand einiger Beispiele aufzuzeigen, wie und wo man sich Informationen beschaffen kann, und v. a. wie man auch als Laie Wetterdaten und Wetterkarten lesen und bewerten kann. Zusätzlich sollen auch die Zusammenhänge von Klimawandel und Wetter dargestellt werden. Es ist aber kein meteorologisches Lehrbuch. Meteorologie ist zu umfangreich, als dass sie hier in aller Ausführlichkeit dargestellt werden kann; dieses Buch lebt von vereinfachten Darstellungen und Erklärungen, was selbstredend auch dazu führt, dass komplizierte Inhalte entsprechend »populärer« beschrieben werden und weniger wissenschaftlich detailliert; komplexe Vorgänge sollen verständlich dargestellt werden.

Meteorologie und Klimawandel (mit allen Facetten) sind Geschäftsmodelle: Gut, dass es sie gibt; man kann sich darüber aufregen oder freuen, sie liefern Stoff für Smalltalk, beeinflussen Stimmungen und auch die Wirtschaft. Wetter und Klima (-wandel) sind zwei der größten Einflussfaktoren im Alltagsleben. Wissen über Wetter und Klima machen die Daseinsvorsorge, wozu auch die Gefahrenabwehr gehört, zuverlässiger und Arbeitsschritte besser planbar. Meteorologische Daten sind zwischenzeitlich auch immer öfter feste Bestandteile von Planungsprozessen und Planungssystemen. Die Feuerwehren sind hier künftig mehr denn je mittendrin in diesen Prozessen und Systemen.

Es gilt: Wenn man eine Situation versteht, so kann man dieser besser vorbereitet ins Auge sehen und sich auch leichter auf sie und ihre Auswirkungen einstellen. Wenn wir wissen oder auch nur ahnen, was auf uns zukommt, dann vermeiden wir, dass wir hinterher sagen: »Ich habe mir nicht vorstellen können, dass es so ein Wetter gibt.«

2 Meteorologische Grundlagen

2.1 Meteorologie als Wissenschaft

Seit jeher versteht man unter Meteorologie die »*Lehre von allen Naturphänomenen, welche sich in der Schwebe, also zwischen dem Himmel und der Erde, abspielen*« (Klose 2016). Sie gehört zu den Wissenschaften, die sich mit der Atmosphäre der Erde beschäftigen, aber auch naturgemäß Schnittstellen zu anderen Geowissenschaften hat. Meteorologie ist, einfach gesagt, die Lehre vom Wetter und seinen Erscheinungen (Wetterkunde), die den Zustand der Atmosphäre »um uns herum« zu beschreiben, zu erklären und vorauszusagen versucht.

Meteorologie ist die Lehre von den physikalischen Erscheinungen und Vorgängen in der Atmosphäre, die sich mit den unteren Teilen der Atmosphäre befasst, in denen sich fast alle das Wetter bestimmenden Vorgänge abspielen (weitere Definition z. B. in Dunlop 2008, S.166). Die Klimatologie ist hingegen die Lehre vom Klima und seinen Veränderungen. Klima wiederum ist die Gesamtheit der Wettererscheinungen, die den mittleren Zustand der Atmosphäre sowie den durchschnittlichen Ablauf der Witterung an einem Ort oder in einem bestimmten Gebiet der Erdoberfläche charakterisieren.

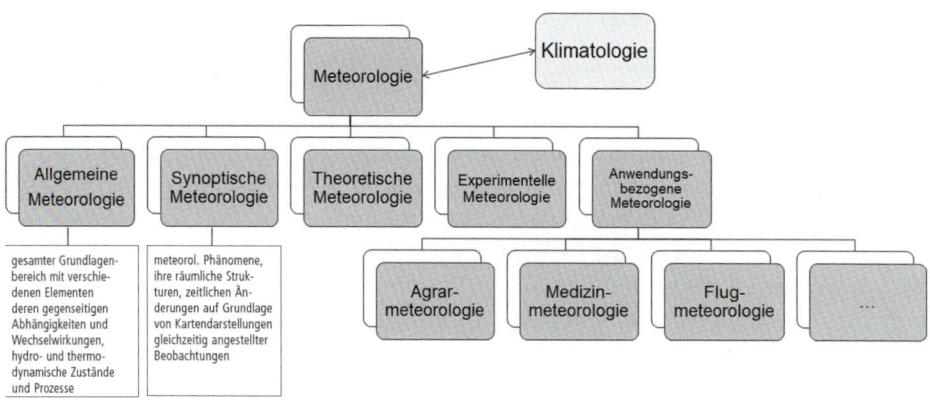

Bild 2: *Verschiedene Bereiche der Meteorologie*

Um zu verstehen, wie Wetter z. B. in Mitteleuropa entsteht, sind insbesondere die allgemeine Meteorologie und die synoptische Meteorologie (Synoptik) von Bedeu-

2.2 Die Atmosphäre der Erde

tung. Ohne das Grundlagenwissen über die verschiedenen Wetterelemente und ihre gegenseitige Abhängigkeiten funktioniert keine Wettervorhersage, um die sich im Wesentlichen die Synoptik kümmert.

2.2 Die Atmosphäre der Erde

Was ist nun Wetter und wie entsteht es? Wetter spielt sich in unserer Atmosphäre ab, deshalb ist die Meteorologie auch die »Wissenschaft über die Physik der Atmosphäre«. Bei der von der Schwerkraft eines Planeten fest gehaltenen Gashülle handelt es sich um die Atmosphäre, deren Zusammensetzung von der Größe, der Masse und der physikalisch-chemischen Zusammensetzung eines Himmelskörpers abhängig ist.

Die Erdatmosphäre ist im Vergleich zu Größe unseres Planeten erschreckend gering; es ist eine dünne Hülle innerhalb der sich die Erde befindet. Die Geschichte unserer Atmosphäre ist in gewisser Weise auch die Geschichte eines ewigen Kampfes zweier starker Komponenten, die beide lebenswichtig sind: Kohlenstoffdioxid (CO_2) und Sauerstoff (O_2). Gleichwohl betrachten wir die Luft, die uns in Form der Atmosphäre umgibt, meistens als leeren und im Vergleich zum Wasser eher nicht greifbaren Raum. Die Atmosphäre ist aber in Wirklichkeit eine Flüssigkeit, die sich in ständiger Zirkulation befindet, die Atmosphäre steht nie still. Diese globale atmosphärische Zirkulation ist grundlegend für das Leben, denn – das liegt im wahrsten Sinne in der Natur der Sache – sie gleicht die Wärmeenergie der Sonne aus und transportiert eben diese Wärme aus den Tropen, die die volle Sonnenkraft aufnehmen, zu Nord- und Südpol, wo die Sonnenstrahlung wesentlich geringer ist, weil sie in einem flachen Winkel auftrifft. Die Natur ist um Ausgleich bemüht. Die unermüdliche Bewegung der Atmosphäre wird dabei im Wesentlichen vom Temperaturunterschied zwischen Äquator und den beiden Polen bewirkt. Dieser unaufhaltsame Wärmeaustausch ist letztlich auch die Quelle von Wind, Regen, Blitzen, Donner und jedem anderem Wetterphänomen, das auf das Leben der Erde und seiner Bewohner einwirkt. Die Atmosphäre besitzt daher auch eine außergewöhnliche physische Kraft, die die Erde immer wieder einmal in Extrem- oder Unwetterereignissen ansatzweise zu spüren bekommt.

Obgleich sich die Menschheit in dieser dünnen Lufthülle bewegt und von ihr absolut abhängig ist, besteht sie zu 78 % aus dem eher lebensfeindlichen Stickstoff; der für uns Menschen absolut lebensnotwendige Sauerstoff macht gerade einmal »nur« 21 % der Atmosphäre aus. Die restlichen 1 % verteilen sich auf Edelgase (< 1 % Argon, Neon etc.) und Kohlenstoffdioxid (ca. 0,03 %) sowie auf Spuren von

2 Meteorologische Grundlagen

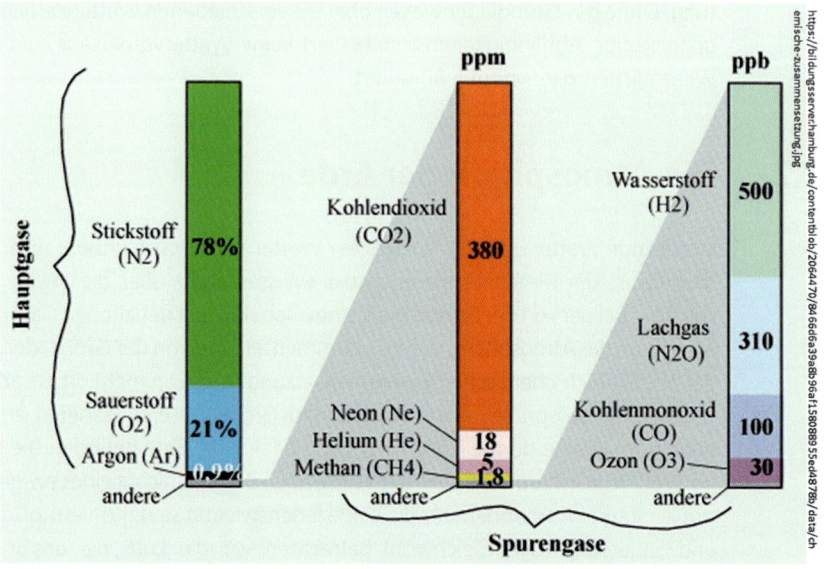

Bild 3: *Die Zusammensetzung der Atmosphäre (Quelle: Bildungsserver Hamburg)*

Wasserdampf, Ozon und sog. bodennahe Beimengungen (Staub, Verbrennungsprodukte, Salzkristalle, Bakterien, Luftkeime).

Wie in den Bildern 4 und 5 zu sehen ist, besteht die dünne Hülle aus verschiedenen Schichten. In der untersten Schicht, der Troposphäre, spielt sich das Wettergeschehen ab. Die Erdoberfläche und die bodennahen Bereiche werden durch die Sonne als Energiegeber und Motor allen Wettergeschehens erwärmt und geben eben diese Wärme immer wieder an die Atmosphäre ab. Mit zunehmender Höhe jedoch nimmt die Lufttemperatur innerhalb der Troposphäre mit ca. 0,5 °C pro 100 m wieder ab. Der Übergang zur nächsten Atmosphärenschicht bildet die sog. Tropopause, die sich im Bereich der Tropen in ca. 18 km Höhe, in den Mittelbreiten in ca. 10 km Höhe und an den Polen in ca. 8 km Höhe befindet. Danach folgt die Stratosphäre, in der die Temperaturen über eine größere Vertikaldistanz nahezu gleichbleibend sind. Hier befindet sich auch die Ozon-Schicht, welche die für uns gefährliche UV-Strahlung absorbiert; in diesem schmalen Bereich erhöht sich die Temperatur daher kurzzeitig. Die dann folgenden obersten Schichten der Atmosphäre (Mesosphäre, Ionosphäre, Exosphäre) spielen für das Wettergeschehen eher keine Rolle mehr.

2.2 Die Atmosphäre der Erde

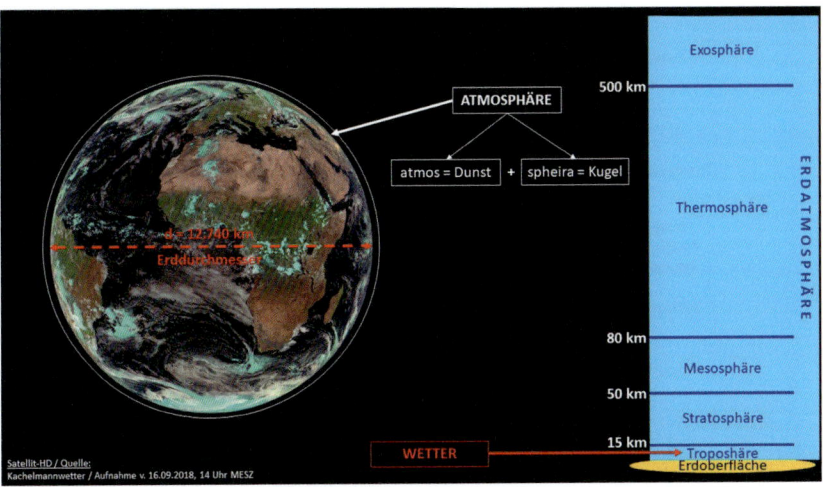

Bild 4: *Die Atmosphäre der Erde*

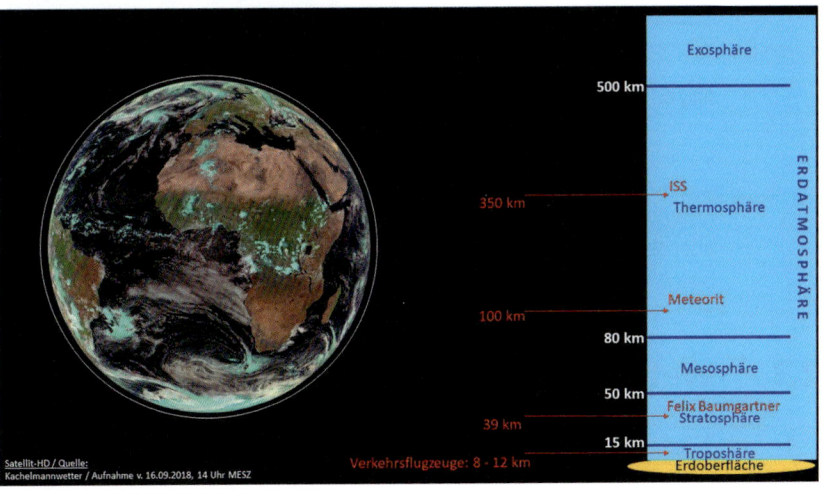

Bild 5: *Die atmosphärischen Schichten – von Verkehrsflugzeugen bis zur ISS*

Bild 6 veranschaulicht (nicht maßstabsgerecht) den Aufbau der Atmosphäre. Um es anschaulich zu machen, wurden Piktogramme ergänzt, damit leichter erkennbar ist, in welchen Höhen sich welches Geschehen abspielt. Es ist deutlich, dass sich in den

2 Meteorologische Grundlagen

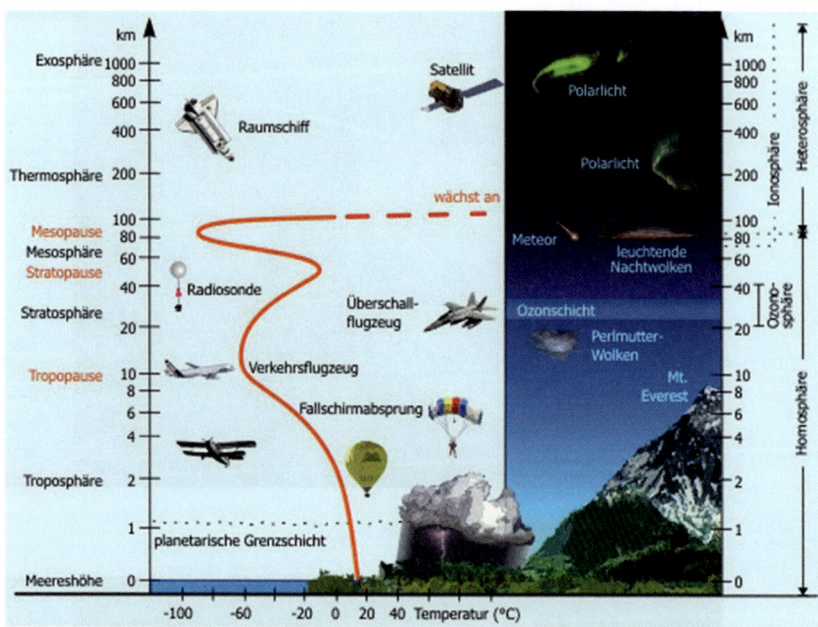

Bild 6: Der Schichtaufbau der Erdatmosphäre mit Temperaturschichtung und Ereignissen (Quelle. DWD-Wetterlexikon, www.dwd.de)

unteren 20 km die meisten Bewegungen abspielen, darüber hinaus handelt es sich eher schon um Raumfahrt. Unser Wetter entsteht dabei in den untersten Schichten bis ca. 2 km Höhe (zum Vergleich: Der höchste Berg der Erde ist 8.848 m NN hoch).

2.3 Wetterelemente und Klimafaktoren

2.3.1 Eine kurze Übersicht

Wir allen wissen, dass Wetter spürbar und erfahrbar ist. Es gibt Elemente, die viele täglich messen und über die sich fast jeder durch die Nachrichten informiert: Luftdruck, Temperatur, Niederschlag u. v. m. Wir erfahren damit messbare meteorologische Erscheinungen in unserer Atmosphäre. Und diese Wetterelemente sind es, deren Zusammenwirken das tägliche Wettergeschehen ergibt. Hinzu kommen noch

2.3 Wetterelemente und Klimafaktoren

jeweils geographische Besonderheiten eines Gebietes als sog. Klimafaktoren, die aber auch Einfluss auf das Wettergeschehen nehmen.

Wetter ist eben das aktuelle Zusammenspiel von Wetterelementen und Klimafaktoren zu einem ganz bestimmten Zeitpunkt in einem bestimmten Gebiet. Klima ist hingegen Wetterstatistik, also das langjährige, durchschnittliche Wettergeschehen eines (größeren) Gebiets in einem längeren Zeitraum (i. d. R. gemitteltes, durchschnittliches Wetter in 30 Jahren). Anders formuliert:

- Wetter ist das, was man sieht, wenn man aus dem Fenster schaut.
- Witterung erlebt man dann, wenn man ein paar Tage aus dem Fenster schaut.
- Und wenn man es sich mit dem Kissen unter den Ellenbogen so richtig bequem macht und 30 Jahre lang aus dem Fenster schaut, kann man sich durch die ermittelten Wetterstatistiken einen Eindruck des Klimas machen.

Tabelle 2 gibt einige Beispiele für Aspekte, die Einfluss auf die Wetter-, bzw. Klimasituation nehmen können.

Tabelle 2: *Wetterelemente und Klimafaktoren*

Wetterelemente	Klimafaktoren
Strahlung (Sonnenstrahlung)	Höhenlage
Luftdruck und Luftdruckentwicklung	geographische Lage (Breite/Länge)
Wind und Windverhältnisse	Lage zu Meer oder (größeren) Gebirgen
Temperaturen (2 m-Höhe, bodennah, Oberfläche)	Meeresströmungen
	Vegetation und Vegetationsdichte
Bewölkung	Bodenbeschaffenheit
Luftfeuchtigkeit und Taupunkttemperatur	Topographie
Niederschlag (Regen, Schnee, Hagel etc.)	...
Verdunstung	
...	

Lufttemperatur, Luftfeuchtigkeit sowie Luftdruck und Wind werden wir im Folgenden aufgrund ihrer Bedeutung für das Wettergeschehen näher betrachten.

2 Meteorologische Grundlagen

2.3.2 Die Lufttemperatur

Ein wesentliches Wetterelement ist die Lufttemperatur, die für viele Wettervorgänge maßgebend ist und die auch mitunter ein Wetterrisiko darstellen kann. Daher lohnt es, sich mit der Lufttemperatur eingehender zu befassen.

Strahlungsenergie der Sonne

Der Strahlungshaushalt der Erde wird durch die Sonnenstrahlung und die Strahlungsbilanz bestimmt. Die Oberflächentemperatur der Sonne liegt bei ca. 5.700 K, durch elektromagnetische Wellen erfolgt von der Sonne aus die Energieübertragung u. a. auch zur Erde. Hier kommt aber nur der zweimilliardste Teil der Gesamtenergie an. Die Strahlungsenergie oberhalb der Erdatmosphäre beträgt 1.360 W/m². Mit dem Durchgang der einfallenden Sonnenstrahlung durch die Atmosphäre erfolgt ein Energieverlust

    a) durch die sog. diffuse Reflexion in Form der allseitigen Streuung an Luftmolekülen, Wassertröpfchen, Eiskristallen und sonstigen Aerosolen

    b) durch Absorption, wobei der absorbierende Körper die Strahlungsenergie in Wärmeenergie überführt. Dies wird im Wesentlichen durch das natürliche Ozon (O_3) als UV-Filter, das CO_2 und Wasserdampf als Infrarotschutzfilter verursacht.

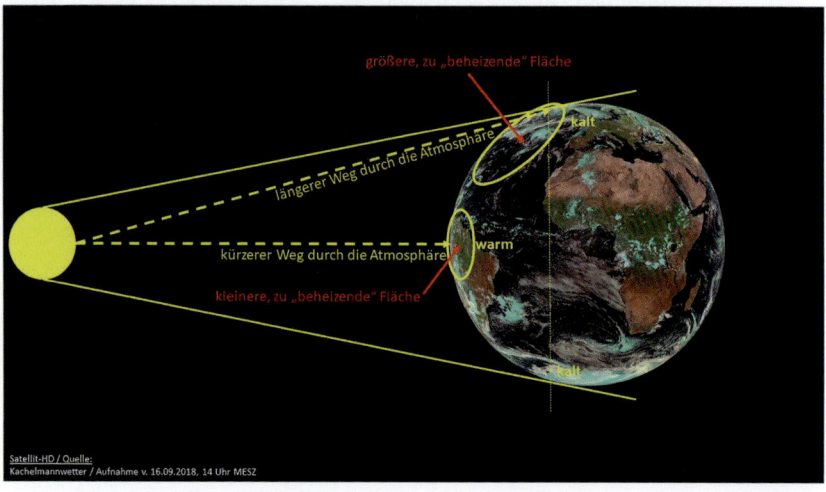

Bild 7: *Sonnenenergie als Motor des Wettergeschehens auf dem Weg durch die Atmosphäre*

2.3 Wetterelemente und Klimafaktoren

Im Endeffekt trifft dabei nur ein geringer, aber immer noch maßgebender Teil der Sonnenenergie auf die Erde selbst. Je länger dann der Weg der Sonnenstrahlungsenergie durch die Atmosphäre ist, desto mehr Energie wird absorbiert; umgekehrt bedeutet dies, dass ein kürzerer Weg auch – im Vergleich – weniger Energieverlust verursacht und sich die Erde an diesen Stellen stärker erwärmt.

Wandlung der solaren Wärmeverteilung
Die Lufttemperatur ergibt sich aber nicht alleine durch die unterschiedliche Sonneneinstrahlung. Die ungleiche Verteilung von Land und Wasser sowie ein längerer und wärmerer Nordsommer (also Sommer auf der Nordhalbkugel) führt dazu, dass der sog. thermische Äquator ca. 5° nach Norden verschoben ist. Kalte Meeresströmungen an Westseiten der Kontinente niederer Breiten (z. B. der Humboldt-Strom) und an den Ostküsten höherer Breiten (z. B. der Labrador-Strom) beeinflussen ebenso das Temperaturgeschehen (Atmosphären-Ozean-Kopplung).

In Meeresnähe sind die Amplituden, also Unterschiede im Tagesgang der Temperatur, geringer. Dieser sog. maritime Temperaturgang hebt letztlich auch die mittlere Jahresdurchschnittstemperatur. Umgekehrt führt Meeresferne dazu, dass sich durchaus extreme Temperaturgegensätze im Tagesverlauf bilden (sog. kontinentaler Temperaturgang).

Wenn der Jahresgang extremer als der Tagesgang der Temperaturen ist, bezeichnet man dies als Jahreszeitenklima, wie es z. B. in den Mittelbreiten (Europa) zu finden ist. Ist hingegen der Tagesgang extremer als im Jahresdurchschnitt gesehen, bezeichnet man dies als sog. Tageszeitenklima, wie es in den Tropen zu finden ist.

Die zeitliche Temperaturverteilung
Im Tagesgang liegt das Minimum der Temperatur bei bzw. kurz nach Sonnenaufgang, das Maximum hingegen eine halbe Stunde (bei Meeresflächen) bis drei Stunden (auf Kontinenten) nach Sonnenhöchststand. Die größten Tagesschwankungen finden in Gebirgshochebenen in randtropischen Gebieten statt, die kleinsten Schwankungen gibt es auf den Inseln in den Mittelbreiten (z. B. Kanaren).

Im Jahresgang sind große Temperaturschwankungen mit je einem Maximum und Minimum sowie einer Verzögerung der Höchst- und Tiefstwerte um einen Monat (bei Kontinenten) bis 2 Monate (Ozeane) nach dem höchsten bzw. tiefsten Sonnenstand in den Mittelbreiten zu finden. In den Tropen hingegen gibt es nur sehr geringe Schwankungen der Jahresamplituden (Extremwerte finden sich hier kurz nach dem tiefsten bzw. höchsten Sonnenstand). Sehr große Schwankungen und eine Verspätung des Minimums bis März eines Jahres (lange Polarnacht) gibt es allerdings in den Polargebieten unserer Erde.

2 Meteorologische Grundlagen

Die vertikale und horizontale Temperaturverteilung
Es existiert ein Temperaturgefälle von bodennahen zu höheren Schichten in der Troposphäre (Ausnahme sind hier die Polargebiete, wo mit der Höhe eine Zunahme der Temperatur erfolgt); dies wird als Temperaturinversion bezeichnet. In den unteren Schichten der Troposphäre gibt es aufgrund der solaren Einstrahlung ein Temperaturgefälle vom Äquator zu den Polen. In den Gebirgen ist es wärmer als in gleicher Höhe in freier Atmosphäre.

Linien gleicher Lufttemperatur werden in Kartendarstellungen als Isothermen bezeichnet. Verbindet man gleiche Messwerte miteinander, so ergibt sich, dass der sog. thermische Äquator insgesamt leicht nördlich des geographischen Äquators zu finden ist. Die Kältepole finden sich auf der Nordhalbkugel im Bereich von Nordost-Sibirien, auf der Südhalbkugel über der Antarktis. Das stärkste horizontale Temperaturgefälle liegt im Bereich der Nordhalbkugel zwischen 40°–70°, im Bereich der Südhalbkugel bei 55°–80°. In diesen Bereichen befindet sich auch die für das Wettergeschehen in den Mittelbreiten maßgebliche sog. planetarische Frontalzone.

2.3.3 Die Luftfeuchtigkeit: Wasserdampf und Lufttemperatur

Der gasförmige Wasserdampfgehalt in der Umgebungsluft wird als Luftfeuchte bezeichnet; die sog. absolute Luftfeuchte ist dabei die tatsächliche in der Luft enthaltene Wasserdampfmenge in g/m^3, die von der Umgebungstemperatur abhängig ist.

Tabelle 3: *Absolute Luftfeuchtigkeit in Abhängigkeit der Lufttemperatur*

Temperatur in °C	+30	+20	+10	0	–10	–20	–30
absolute Luftfeuchte in g/m^3	30,3	17,2	9,4	4,8	2,4	1,1	0,5

Luft in einer bestimmten Temperatur kann auch nur eine bestimmte Menge an gasförmigen Wasserdampf enthalten. Die maximal mögliche Wasserdampfmenge wächst (exponentiell) mit zunehmender Temperatur. Dies ist auch ein wesentlicher Faktor beim Klimawandel.

Die Temperatur, bei der eine Luftmasse mit einer bestimmten, absoluten Feuchte die maximale Wasserdampfmenge enthält, bezeichnet man in der Meteorologie als Sättigungs- oder bekannter als Taupunkttemperatur. Eine Abkühlung der (gesättigten) Umgebungsluft unter den Taupunkt führt dabei zum Auskon-

2.3 Wetterelemente und Klimafaktoren

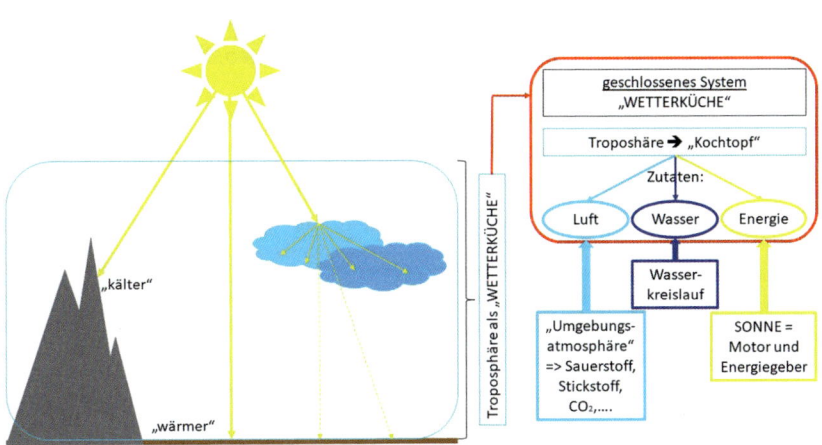

Bild 8:   Die Wetterküche mit Luft, Wasser und Energie

densieren des Wasserdampfs (die Luft scheidet Wasser aus → Tau, Nebel); umgekehrt kann die Luft mehr Feuchtigkeit aufnehmen, wenn sie sich über den Sättigungspunkt erwärmt.

Die relative Luftfeuchte ist das prozentuale Verhältnis zwischen tatsächlicher und bei gleicher Temperatur maximal möglicher Feuchtigkeit. Eine z. B. auf 30 °C erwärmte Luft mit einer absoluten Feuchte von 17,2 g/m³ könnte maximal 30,3 g/m³ Feuchtigkeit aufnehmen. Die relative Feuchte beträgt somit 17,2 : 30,3 × 100 = 56,7 % bei 30 °C. Kühlt diese Luft nun auf 20 °C ab, beträgt die relative Feuchte 100 %, was Rückschlüsse auf zu erwartende Niederschläge zulässt, da Luft nicht mehr als 100 % aufnehmen kann.

Wasserdampf in der Atmosphäre kann sich abkühlen oder erwärmen. Durch nächtliche Ausstrahlung, durch kühlere Oberflächen oder durch Aufsteigen der Luft erfolgt diese Abkühlung entweder trockenadiabatisch mit 1 °C pro 100 m bei ungesättigter Luft oder feuchtadiabatisch mit 0,5 °C je 100 m bei gesättigter Luft (adiabatisch = ohne Luftaustausch).

Erwärmt sich die Umgebungsluft und sind darin sog. Kondensationskerne (z. B. Aerosole, Rußpartikel o. ä.) enthalten, kommt es zur Abgabe von Kondensationswärme; das sog. Kondensationsniveau ist dabei die Höhe, ab welcher die Kondensation beginnt. Es entstehen Wolken.

Wolken sind die eindeutig sichtbare Ansammlung kleinster, flüssiger oder fester Teilchen. Diese Wasserteilchen schweben in der Luft und reflektieren auch diffus alle

2 Meteorologische Grundlagen

Wellenbereiche des sichtbaren Lichts. Beim Zusammenfließen der Wassertröpfchen innerhalb der Wolke kommt es zu Niederschlägen, wenn das Gewicht insgesamt zu hoch wird (z. B. Regen, Schnee, Hagel).

Damit es Wetter gibt, benötigt die Atmosphäre Zutaten und Energie. Letztere liefert die Sonne, sie ist der Motor und Antrieb allen Wettergeschehens auf der Erde bzw. in der Atmosphäre. Die Zutaten sind die zahlreichen Wetterparameter, die immer wieder neu gemischt werden. Die Atmosphäre ist damit eine – bildlich gesprochen – große Küche, in der viel Energie vorhanden ist, um die zahlreichen Zutaten (Parameter) »bearbeiten« zu können. Außerhalb der Erdatmosphäre gibt es kein Wetter, daher ist eben unsere Atmosphäre im Prinzip eine große, weltumspannende »Wetterküche«.

2.3.4 Luftdruck, Wind und Wettergeschehen

2.3.4.1 Luftdruck

Luftdruck ist der von Luft auf die Erdoberfläche oder auf tiefer liegende Luftschichten ausgeübte Druck (Maßeinheit Hektopascal hPa, früher mbar); auf Meeresniveau liegt der Luftdruck idealtypisch bei 1013 hPa. Die Höhendifferenz, in der der Luftdruck um jeweils 1 hPa abnimmt, liegt in Bodennähe bei ca. 8–9 m, in 5 km Höhe bei ca. 15 m und wird als barometrische Höhenstufe bezeichnet. In Kartendarstellungen, wie man sie z. B. bei Wettervorhersagen in den Nachrichten immer wieder sieht, werden die Punkte gleichen Luftdrucks innerhalb eines bestimmten Höhenniveaus mit Linien verbunden, die als Isobaren bezeichnet werden.

2.3.4.2 Die Entstehung thermischer Hoch- und Tiefdruckgebiete

Der Luftdruck wird mit zunehmender Höhe geringer, da die Länge der Luftsäule und auch die Dichte der Luftteilchen mit Entfernung vom Erdboden zunehmen. Treten dann in der Atmosphäre (temperaturbedingte) Druckunterschiede auf, so erfolgt der Druckausgleich durch einen Luftausgleich (→ Luftströmung) vom hohen zum tiefen Druck. Die Winde, die dabei entstehen, sind abhängig vom Luftdruckunterschied (dem sog. Druckgradienten).

Dabei wird bei gleichen Gradienten dichte Luft mit großer Masse (typisch in Bodennähe) weniger stark beschleunigt als dünne Luft mit kleinerer Masse. Daher

2.3 Wetterelemente und Klimafaktoren

sind auch in höheren Schichten der Troposphäre kräftigere Winde als in Bodennähe zu finden.

a) Bei der Erwärmung einer Luftmasse kommt es zur Aufwölbung der Flächen gleichen Drucks, es entsteht ein sog. Höhenhoch. Aus diesem fließt Luft entsprechend des Druckgefälles »nach außen« in Bereiche niedrigeren Drucks. Es kommt zum Massenverlust innerhalb der vertikalen Luftsäule und damit zum Luftdruckabfall am Boden. Dort entsteht ein sog. Bodentief (auch thermisches Tief oder Hitzetief genannt).

b) Kühlt eine Luftmasse ab, kommt es hingegen zur Senkung der Flächen gleichen Drucks, es entsteht hier ein Höhentief. »Von außen« fließt hier dann Luft ein, es kommt zu einem Massenzuwachs und damit zu einer Druckerhöhung am Boden. Es entsteht ein Bodenhoch (oder auch Kältehoch).

c) Die Differenz zwischen Bodendruckfeld und Höhendruckfeld liegt bei 4.500 bis 6.000 m.

Beständige Erscheinungen sind die weltweiten Druckgefälle zwischen einem tropischen Hochdruckring mit Kern über den Wendekreisen und den zentralen Höhentiefs über den Polen. Das Bodendruckfeld ist starken jahreszeitlichen Intensitäts- und

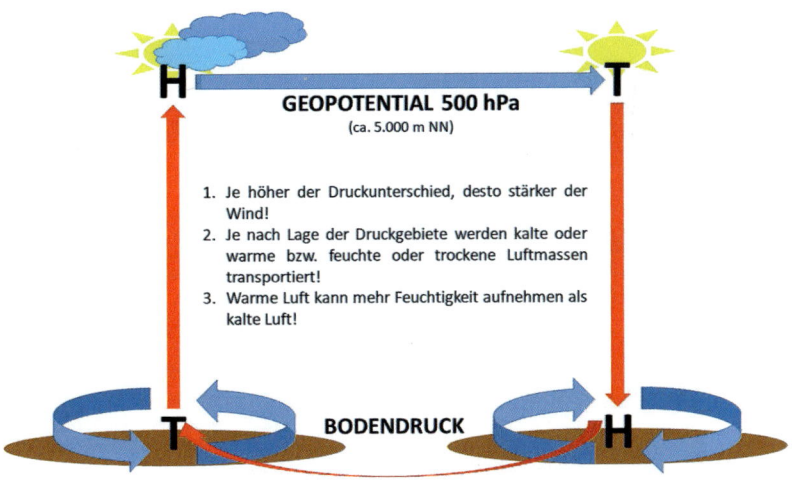

Bild 9:   *Boden- und Höhendruckfelder*

Lageänderungen unterworfen, was der unterschiedlichen Sonneneinstrahlung je nach Jahreszeit geschuldet ist.

Beginnend mit der äquatorialen Tiefdruckrinne geht es über die subtropisch-randtropische Hochdruckzone (Wendekreise) zur subpolaren Tiefdruckrinne (nördliche bzw. südliche Mittelbreiten) bis zum polaren Kältehoch.

Aufgrund der unterschiedlichen Sonneneinstrahlung auf die Erde ergibt sich auch eine unterschiedliche Temperaturverteilung: In Äquatornähe trifft die Wärmeenergie der Sonne großflächig auf, während an den Polen die Sonnenstrahlung nur knapp bzw. in geringer Stärke auf die Erde treffen. Die Wärmeenergie nimmt daher vom Äquator zu den Polen hin ab. In Äquatornähe erwärmt sich die bodennahe Luftschicht, warme Luft steigt auf, in Bodennähe entsteht ein niedriger Luftdruck, in der Höhe ein höherer Luftdruck. An den Polen kann sich die Luft bodennah nicht stark erwärmen, dort sammelt sich kältere Luft am Boden, es entsteht hoher bodennaher Druck, während aus der Höhe die Luft abkühlt und nach unten sinkt. In der Höhe entsteht daher ein Tiefdruck über den Polen. Da die Erde bzw. die Natur aus physikalischen Gründen immer bestrebt ist, Ungerechtigkeiten auszugleichen, entstehen Luftbewegungen zwischen den Hochs und Tiefs, die regelmäßig und beständig sind: Hoher Luftdruck soll abgebaut, tiefer Luftdruck entsprechend aufgefüllt werden. Aufgrund der Erdrotation entstehen dann auch Bewegungen von W nach O (→ Corioliskraft).

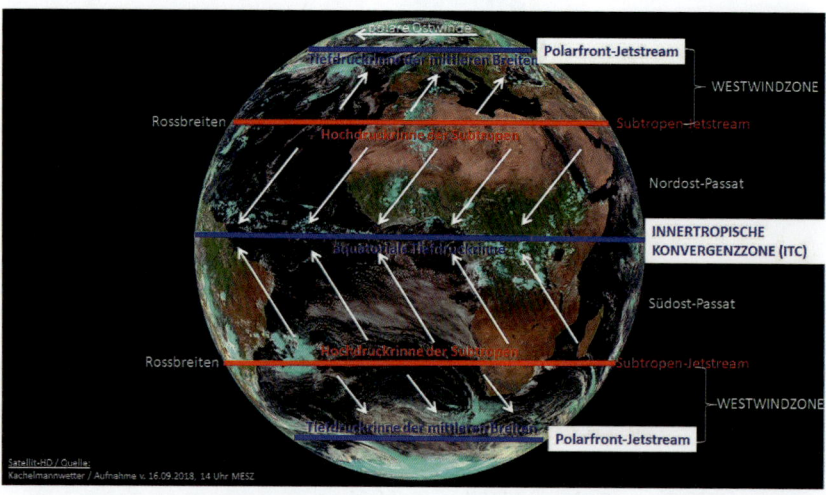

Bild 10: *Beständige Erscheinungen im weltweiten Druckgefälle*

2.3 Wetterelemente und Klimafaktoren

2.3.4.3 Die Ablenkung der Winde durch die Corioliskraft

Die Erde dreht sich bekanntermaßen von West nach Ost. Dies führt dazu, dass jeder Punkt am Äquator eine Drehgeschwindigkeit von 1.670 km/h hat; die dort befindliche Luftmasse bewegt sich ebenso schnell (innerhalb eines Tages legt man am Äquator 40.000 km Strecke zurück, woraus sich die oben erwähnte Geschwindigkeit ergibt).

Bewegt sich die Luftmasse nun polwärts (vom hohen zum tiefen Druck, da die Natur immer um Ausgleich bemüht ist), dann behält diese Luftmasse ihre ursprüngliche Geschwindigkeit bei.

Auf ca. 50° nördlicher Breite jedoch hat jeder Punkt nur eine Drehgeschwindigkeit von 1.075 km/h (weil der Weg um die Erde, den man innerhalb eines Tages zurücklegt, hier »nur« 25.712 km lang ist), ist also wesentlich langsamer als Äquatorluft bzw. ein vom Äquator kommendes Luftteilchen und ist ca. 600 km/h schneller als die Erdoberfläche darunter. Das vom Äquator kommende Teilchen eilt daher der Erdoberfläche nach rechts (auf der Nordhalbkugel) voraus, aus einem Südwind wird ein Westwind.

Der gleiche Effekt gilt auch für vom Nordpol in Richtung Süden transportierte Luftmassen (am Nordpol ist der Umfang der Erde quasi 0, man dreht sich um sich selbst). Die polaren Luftteilchen bleiben gegenüber der hohen Drehgeschwindigkeit im Süden zurück, da es langsamer ist; aus einem Nordwind wird ein Ostwind.

> **Merke:**
> **Corioliskraft: Auf der Nordhalbkugel werden alle Bewegungen nach rechts, auf der Südhalbkugel nach links abgelenkt.**

Gaspard Gustave de Coriolis (1792 – 1843) hat diese physikalische Kraft berechnet und, obwohl dieses Phänomen bereits schon länger bekannt war, erstmals auch ausführlich beschrieben, weshalb dieser Effekt nach ihm benannt wurde.

Am Rande sei noch angemerkt, dass die Corioliskraft auch auf Meeresströmungen wirkt. So wird der Golfstrom auf der Nordhalbkugel ebenfalls nach rechts abgelenkt, der Labrador-Strom kann hingegen nicht weiter abgelenkt werden, da der amerikanische Kontinent im Weg liegt.

2 Meteorologische Grundlagen

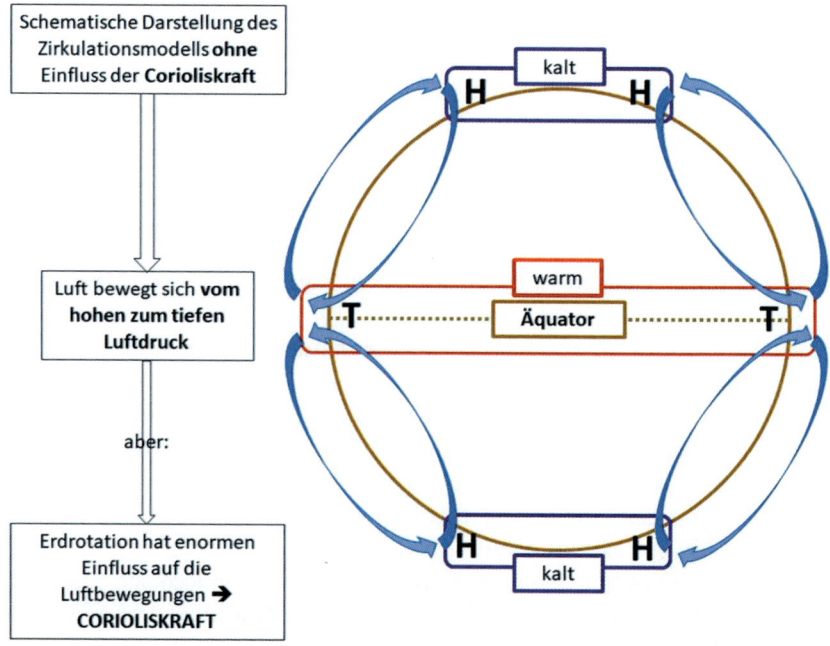

Bild 11: *Luftmassentransporte in der Theorie ohne Berücksichtigung der Corioliskraft*

2.3 Wetterelemente und Klimafaktoren

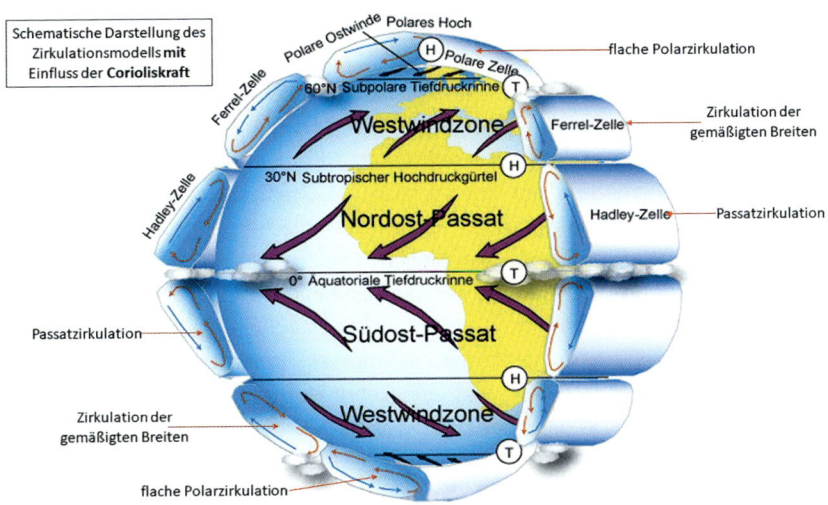

Bild 12: Globales Zirkulationsmodell unter Berücksichtigung der Corioliskraft (Quelle: Bildungsserver, bearbeitet durch Verfasser)

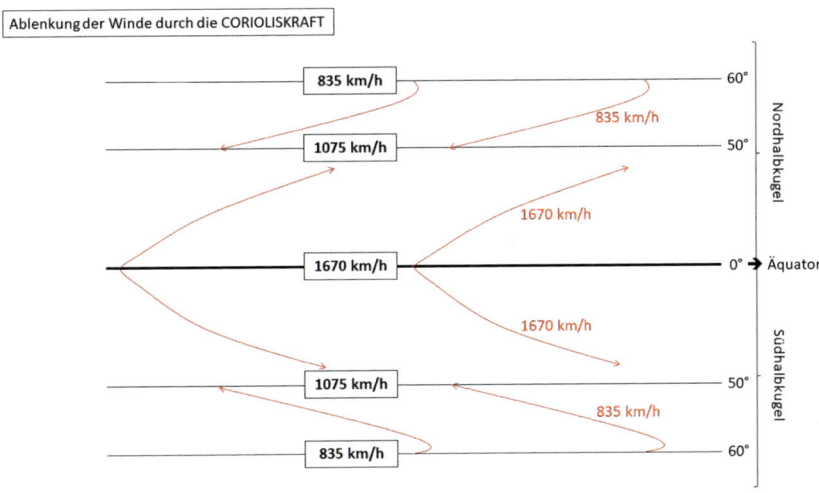

Bild 13: Geschwindigkeiten und Ablenkung der Winde unter Beeinflussung der Corioliskraft

2 Meteorologische Grundlagen

2.3.4.4 Die Entstehung von Wind und seine Richtung

Land- und Meeresoberflächen (bzw. Wasserflächen allgemein) werden von der Sonne gleichmäßig beschienen. Während die Sonnenstrahlung in Wasser tiefer eindringt, und das Wasser selbst durch Strömungen auch durchmischt wird, werden Landoberflächen nur oberflächlich getroffen. Wasser hat eine deutlich größere Wärmeaufnahmekapazität als feste Oberflächen, Wasser schluckt und absorbiert mehr Wärme. Oberflächen hingegen heizen schneller auf, was auch zur Folge hat, dass die unmittelbar über Landflächen befindliche Luft stärker erwärmt wird als die Luft über Wasserflächen. Über dem Land steigt die warme Luft nach oben, und über der Landfläche entsteht somit ein Tiefdruck-, in der Höhe ein Hochdruckbereich. Über den Wasserflächen ist dies umgekehrt: Hochdruck unmittelbar über dem Wasser, tiefer Druck in der Höhe. Da die Natur – wie schon erwähnt – stets um Ausgleich bemüht ist, entwickelt sich eine Luftausgleichsbewegung vom hohen zum tiefen Druck, der sog. Seewind kommt auf.

Nachts hingegen kühlt die Wasseroberfläche weniger stark aus, ihre Wärmekapazität ist hier deutlich positiver. Die Druckverhältnisse kehren sich daher um: Es entsteht ein Bodentief und ein Höhenhoch. Die Landflächen allerdings kühlen nachts stärker aus und es bilden sich ein Bodenhoch und ein Höhentief. Die dann als Ausgleich entstehende Luftbewegung nennt sich Landwind.

Die Bewegung von Luftteilchen vom hohen zum tiefen Druck, senkrecht zu den Isobaren, nennt sich Wind; das ist eben nichts anderes als die von der Natur geforderte Ausgleichsbewegung. Je höher die Druckunterschiede sind, desto stärker werden die Ausgleichsbewegungen; sind hohe Druckunterschiede auf sehr kleiner

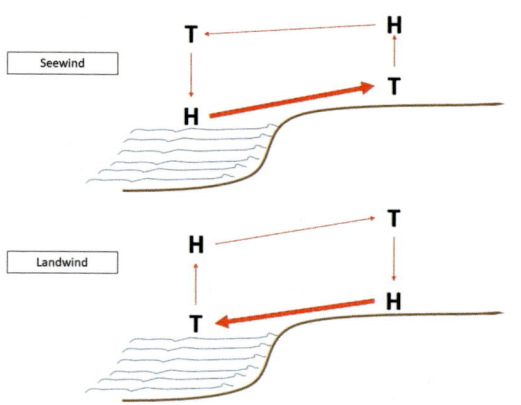

Bild 14: *Das Land- und Seewindsystem*

2.3 Wetterelemente und Klimafaktoren

Fläche vorhanden (die Isobaren liegen eng zusammen), dann werden die Winde entsprechend auch immer stärker.

Die Windgeschwindigkeiten werden in verschiedenen Maßeinheiten (km/h, m/s, kn), die Windstärken werden in Beaufort-Graden (Bft) angegeben. Zur Vereinheitlichung werden die den Beaufort-Graden entsprechenden 10-Minuten-Mittel der Windstärke in einer Höhe von 10 m (Standardhöhe) über der Oberfläche angegeben.

Der Einfachheit und Übersichtlichkeit halber werden in der nachfolgenden Tabelle nur die Windstärken in Bft, die Geschwindigkeit in km/h sowie die Bezeichnung und Auswirkungen im Binnenland dargestellt.

Tabelle 4: *Windstärken, -geschwindigkeiten, -bezeichnungen und Auswirkungen*

Bft	km/h	Bezeichnung	Auswirkungen im Binnenland, Merkmale, Kennzeichen
0	0 – 1	Windstille	Rauch steigt gerade empor
1	1 – 5	leiser Zug	Windrichtung angezeigt nur durch den Zug des Rauches, aber nicht durch Windfahne
2	6 – 11	leichte Brise	Wind am Gesicht fühlbar, Blätter säuseln, Windfahne bewegt sich
3	12 – 19	schwache Brise	Blätter und dünne Zweige bewegen sich, Wind streckt einen Wimpel
4	20 – 28	mäßige Brise	hebt Staub und loses Papier, bewegt Zweige und dünne Äste
5	29 – 38	frische Brise	kleine Laubbäume beginnen zu schwanken, Schaumkämme bilden sich auf Seen
6	39 – 49	starker Wind	starke Äste in Bewegung, Pfeifen in den Telegraphenleitungen, Regenschirme sind schwierig zu benutzen
7	50 – 61	steifer Wind	ganze Bäume in Bewegung, fühlbare Hemmung beim Gehen gegen den Wind
8	62 – 74	stürmischer Wind	bricht Zweige von den Bäumen, erschwert erheblich das Gehen gegen den Wind ▶ für die Feuerwehren kann es hier bereits erste Einsatzszenarien geben, wie z. B. abgebrochene oder lose Äste, lose Bauteile

2 Meteorologische Grundlagen

Tabelle 4: *Windstärken, -geschwindigkeiten, -bezeichnungen und Auswirkungen – Fortsetzung*

Bft	km/h	Bezeichnung	Auswirkungen im Binnenland, Merkmale, Kennzeichen
9	75 – 88	Sturm	kleinere Schäden an Häusern, ▶ Rauchhauben und Dachziegel werden abgeworfen mögliche Einsatzszenarien, z. B. lose Dachziegel oder Bauteile, Windbruch an Bäumen, umherfliegende Verkehrszeichen und Absperrungen
10	89 – 102	schwerer Sturm	entwurzelt Bäume, bedeutende Schäden an Häusern ▶ mögliche Einsatzszenarien, z. B. Baumfall, Leiterseilschwingungen, massive Schäden an Gebäuden (lose Dächer), umstürzende Baugerüste
11	103 – 117	orkanartiger Sturm	verbreitete Sturmschäden ▶ Einsatzszenarien wie zuvor, nur heftiger und umfassender, ggf. auch umgestürzte Lkw (v. a. auf Brücken)
12	118 – 133	Orkan – Stufe 1	
13	134 – 149	Orkan – Stufe 2	
14	150 – 166	Orkan – Stufe 3	verwüstende Wirkungen
15	167 – 183	Orkan – Stufe 4	
16	184 – 201	Orkan – Stufe 5	
17	> 201	Orkan – Stufe 6	

Winde strömen nicht immer auf direktem Weg vom hohen zum tiefen Druck, sondern werden aus verschiedenen Gründen abgelenkt:

Aufgrund der Erddrehung erfolgt eine Ablenkung der Winde durch die sog. Corioliskraft (vgl. Kapitel 2.3.4.3).

Des Weiteren werden Winde durch Bodenreibung um- oder abgelenkt. Die Bodenreibung wirkt der Windrichtung grundsätzlich entgegen, die Windgeschwindigkeit wird dadurch ebenso reduziert wie auch die Wirkung der Corioliskraft. Die

2.3 Wetterelemente und Klimafaktoren

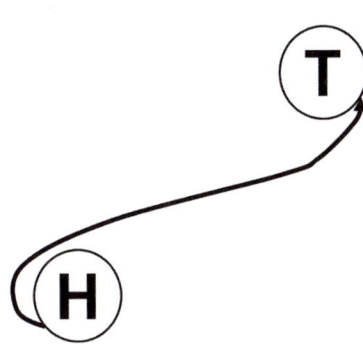

Bild 15: *Ablenkung durch Bodenreibung*

Ablenkung der Winde erfolgt damit von isobarenparalleler Richtung gegen den tieferen Druck.

Daneben können Winde auch durch die allgemeine Fliehkraft bei gekrümmten Isobaren abgelenkt werden.

Die Windrichtungen sind zudem auch abhängig von der jeweiligen Lage und dem jeweiligen Druck. Im Zusammenspiel dieser Faktoren auch mit der Corioliskraft und der Bodenreibung drehen sich Tiefdruckgebiete auf der Nordhalbkugel entgegen des Uhrzeigersinns (Linksdrehung), Hochdruckgebiete im Uhrzeigersinn (Rechtsdrehung); auf der Südhalbkugel ist diese Bewegungsrichtung umgedreht.

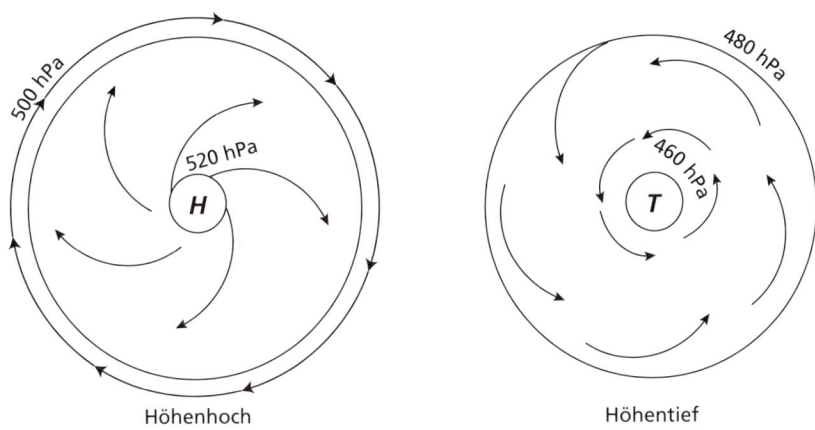

Bild 16: *Windrichtungen in der Höhe (ca. 500 hPa-Bereich = 5.000 m)*

2 Meteorologische Grundlagen

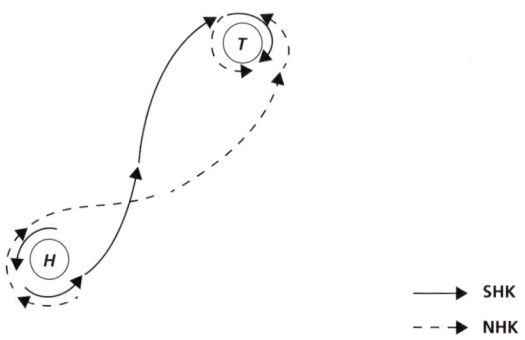

Bild 17: *Windrichtungen am Boden bzw. in Bodennähe auf der Nordhalbkugel (NHK) bzw. Südhalbkugel (SHK)*

⟶ SHK
--⟶ NHK

Das sog. **Barische Windgesetz** wurde von Christoph Buys Ballot entwickelt und basiert auf den unterschiedlichen Druckverhältnissen (von »bar« als Einheit des Luftdrucks):
Für die Praxis kann man anhand des »Barischen Windgesetzes« einfach feststellen, wo sich am Boden das Tief bzw. das Hoch befindet: Nahe der Erdoberfläche hat ein Beobachter, der dem Wind den Rücken zukehrt, auf der Nordhalbkugel rechts und etwas hinter sich den hohen, links und etwas vor sich den tiefen Druck.
Steht man mit dem Gesicht zum Wind gilt:
Nahe der Erdoberfläche hat ein Beobachter, der den Wind ins Gesicht bekommt, auf der Nordhalbkugel links und etwas vor sich den hohen, rechts und etwas hinter sich den tiefen Druck.
Das Barische Windgesetzt bezieht sich aber ausschließlich auf den fühlbaren Wind (erkennbar z. B. an fliegenden Blättern, Rauch, Fahnen).

Neben der allgemeinen Zirkulation gibt es auch weltweit lokale Windsysteme, die zusätzlich noch von geographischen Besonderheiten beeinflusst werden und daher auch nur in bestimmten Regionen auftreten:

- warme Fallwinde, z. B.: Föhn (Alpenregion), Chinook (Nordamerika, Kanada), Zonda (Südamerika)
- kalte Fallwinde, z. B.: Bora (jugoslawische Adriaküste), Mistral (Südfrankreich)

Diese Besonderheiten sollen an dieser Stelle aber nicht weiter vertieft werden.

2.3 Wetterelemente und Klimafaktoren

2.3.4.5 Die Entstehung dynamischer Hoch- und Tiefdruckgebiete

Aufgrund der Kugelgestalt der Erde erfolgt die Sonneneinstrahlung unterschiedlich in den verschiedenen geographischen Breiten (vgl. Kap. 2.3.2.1). Es bilden sich dadurch, wie bereits beschrieben, im Wesentlichen zwei in sich relativ einheitliche Luftmassen. Einmal die warmen subtropischen Luftmassen (sog. Hadley-Zellen) beiderseits des Äquators bis 35° und die polaren Luftmassen von etwa 65° bis zu den Polen (sog. Polarzellen). In der mittleren Zone, wo subtropische und polare Luftmassen aufeinandertreffen erfolgt ein starker Temperatursprung; dieser Bereich wird planetarische Frontalzone (sog. Ferrel-Zellen) genannt.

Innerhalb der subtropischen Luftmassen erfolgt eine langsame Luftdruckabnahme mit zunehmender Höhe (zunehmender Abstand zur Oberfläche). In den höheren Schichten der Troposphäre entsteht dadurch ein relativ hoher Druck und es bildet sich erdumspannend ein tropischer Hochdruckgürtel.

Im Gegensatz dazu erfolgt in den polaren Luftmassen eine (sehr) schnelle Luftdruckabnahme mit zunehmender Höhe. In den dortigen, höheren Troposphärenschichten ist ein relativ tiefer Druck zu finden, so dass hier erdumspannend der polare Tiefdruckgürtel bildet.

In der Frontalzone entwickelt sich daher zwischen 35° und 65° ein Luftdruckgefälle, das von unten nach oben zunimmt. Es erfolgt eine Ausgleichsströmung von Süden nach Norden auf der Nordhalbkugel.

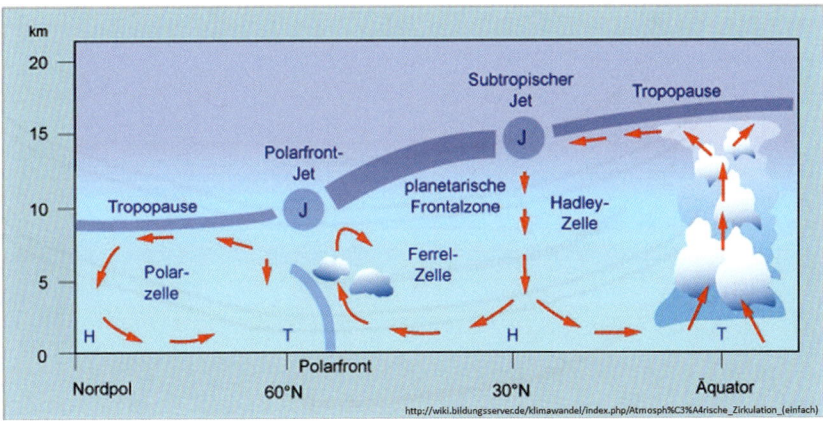

Bild 18: *Die dynamischen Hoch- und Tiefdruckgürtel und ihre Luftmassenbewegungen (Quelle: Bildungsserver Hamburg)*

2 Meteorologische Grundlagen

Da die Erde jedoch ein rotierendes System darstellt, werden alle Luftbewegungen – auch und v. a. global – durch die Corioliskraft auf der Nordhalbkugel nach rechts und auf der Südhalbkugel nach links abgelenkt (vgl. Kap. 2.3.4.3). Auf der Nordhalbkugel wird daher aus einem Südwind ein Westwind, der umso stärker weht, je größer das Druckgefälle ist. Es bildet sich im Bereich der Mittelbreiten ein Starkwindband, das Jetstream genannt wird; dieses umspannt die Erde im Bereich der nördlichen und südlichen Mittelbreiten. Die West-Ost-Strömung ist anfangs noch isobarenparallel ohne Druckausgleiche. Die Druck- und Temperaturgegensätze verstärken sich jedoch immer mehr, so dass das Zirkulationssystem instabil wird. Der Jetstream geht zu einer Wellenzirkulation über, die vier bis sechs großräumige Wellen umfasst, die langsam von West nach Ost wanden. Aufgrund dieser Wellenzirkulation spalten sich immer wieder große Hoch- und Tiefdruckwirbel ab, die längere Zeit ortsfest bleiben (können) und den Jetstream um sich herum steuern. Damit ergibt sich auch ein intensiver Energieaustausch zwischen niederen und höheren Breiten: Während tropische Warmluft als Hochdruckkeil polwärts vordringt, stößt polare Kaltluft als Tiefdrucktrog äquatorwärts vor. Die Windgeschwindigkeiten liegen hier zwischen 100 und 200, kurzfristig sogar weit über 300 km/h. Durch diese Transporte von Warmluft nach Norden und von Kaltluft nach Süden werden sowohl die Temperatur- als auch die Druckgegensätze langsam geringer, die Wellenausschläge des Jetstream gehen zurück, und es bildet sich langsam wieder eine West-Ost-Strömung. Allerdings erfolgt dann wieder der erneute Aufbau der Temperatur- und Druckgegensätze und die Vorgänge wiederholen sich. Dieser Kreislauf ist der Motor und die Steuereinheit der Tief- und Hochdruckgebiete.

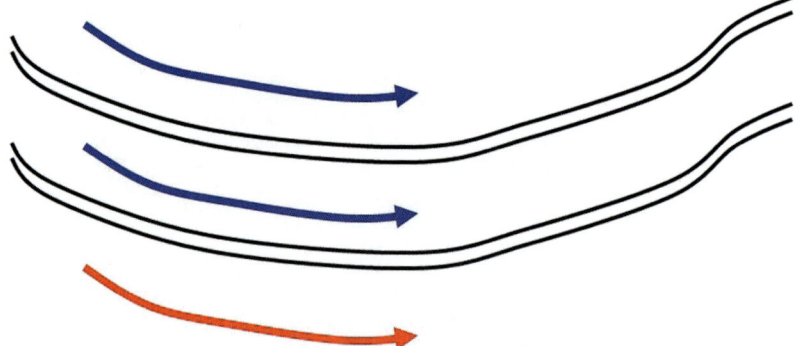

Bild 19: »*Normalzustand*« *– regelmäßige, leicht gewundene Jetstreams bringen veränderliche Wettermuster in den mittleren Breiten ohne Extrembedingungen*

2.3 Wetterelemente und Klimafaktoren

Der Jetstream selbst beeinflusst auch maßgeblich die Tiefdruckgebiete. Verläuft er zonal, so ziehen die Tiefs in schneller Folge von West nach Ost.

Dies ist z. B. dann der Fall, wenn sich ein sehr stabiles und kräftiges Tief auf der Nordhalbkugel, das im Allgemeinen als Island-Tief bezeichnet wird, bildet. Dessen Gegenspieler ist das allgemein als Azoren-Hoch bezeichnete Hochdruckgebiet weiter südlicher. Sind die Druckunterschiede zwischen diesen beiden sehr groß, ergibt sich ein positiver NAO-Index (NAO = Nordatlantische Oszillation).

Die **Nordatlantische Oszillation (NAO)** ist nichts anderes als der Ausgleich zwischen den zwei Drucksystemen »Azorenhoch« und »Islandtief«: Sind beide Druckgebilde stark ausgeprägt, gibt es dementsprechend starke Ausgleichsbewegungen (= Wind); besteht hingegen kein bzw. nur ein sehr geringer Druckunterschied zwischen den Azoren und Island, gibt es auch keine bzw. nur geringe Luftbewegungen. Die NAO hat dementsprechend Einfluss auf das Wettergeschehen in Mitteleuropa (→ positiver oder negativer NAO-Index, s. u.).

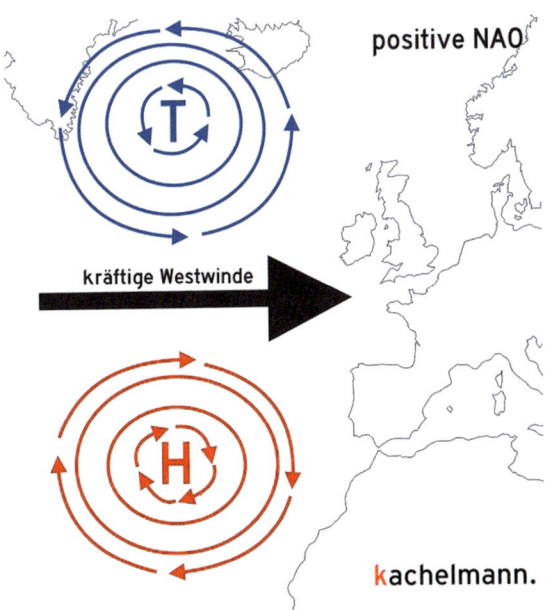

Bild 20: *Idealfall eines positiven NAO-Index mit einem sehr starken Tief und einem ausgeprägten Hoch (Quelle: www.wetterkanal.kachelmannwetter.com)*

Es ist aber eher selten der Fall, dass die beiden Druckgebiete so ideal liegen, der Jetstream keine Wellen schlägt und sich kräftige Westwinde einstellen. Es gibt immer leichte Bewegungen innerhalb des Starkwindbandes, da die Temperatur- und Druckunterschiede immer etwas variieren.

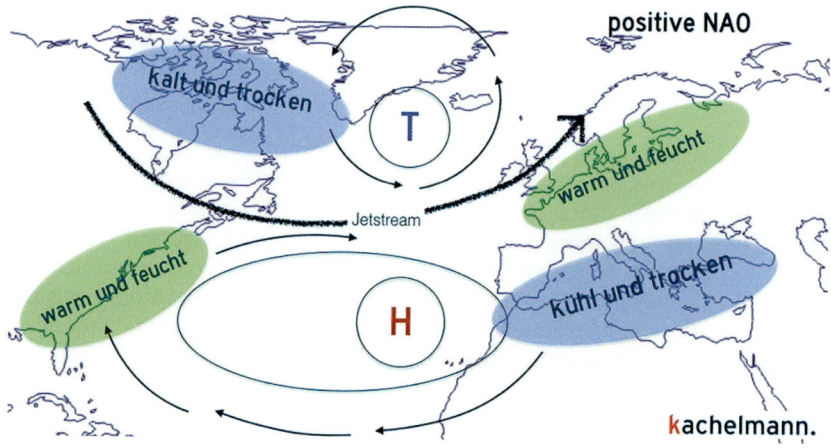

Bild 21: *Positiver NAO-Index mit einem kräftigen Island-Tief und einem stabilen Azoren-Hoch (Quelle: www.wetterkanal.kachelmannwetter.com)*

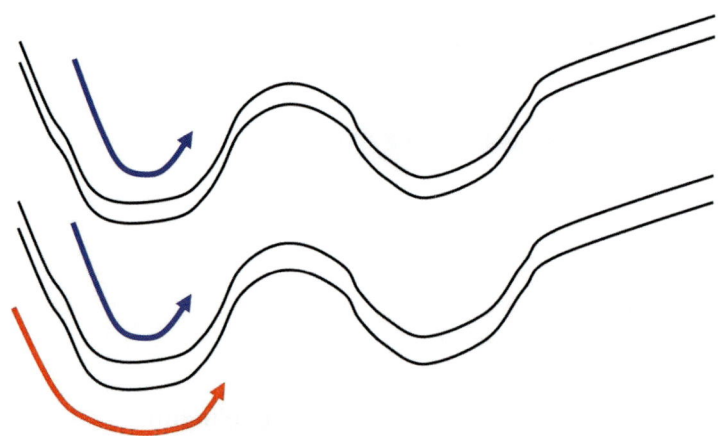

Bild 22: *Durch planetarische Wellen bilden sich Tröge, der Jetstream verzerrt sich, es fließt Kaltluft (blaue Pfeile) in niedere und Warmluft (rote Pfeile) in höhere Breiten, so dass sich Unwetter bilden können.*

2.3 Wetterelemente und Klimafaktoren

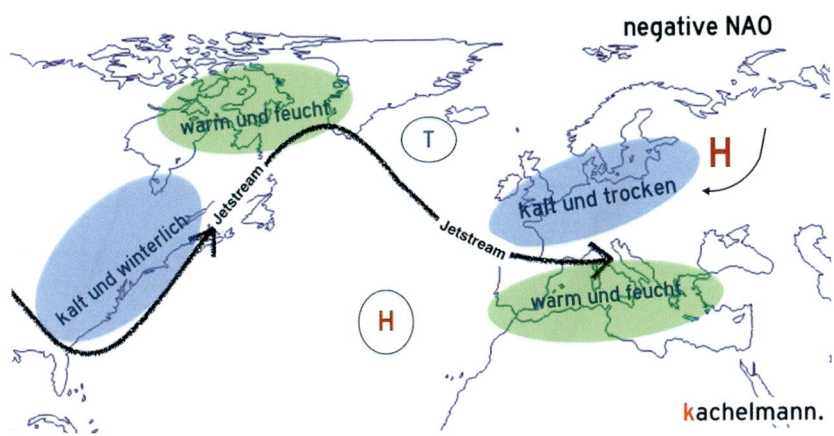

Bild 23: *Negativer NAO-Index mit schwachem Island-Tief und ebenso schwachem Azoren-Hoch (Quelle: www.wetterkanal.kachelmannwetter.com)*

Ist der NAO-Index positiv überwiegt der maritime Einfluss auf das europäische Wetter. Es gibt kräftige Westwinde, geringe Temperaturunterschiede, häufigere Niederschläge und auch flächendeckende Stürme.

Bildet der Jetstream jedoch große Mäanderwellen und liegt Mitteleuropa auf der Nordseite eines nach Süden ausgebuchteten Trogs, so verlaufen die Tiefdruckzugbahnen von Südwest nach Nordost und bringen auch subtropische Warmluft.

Ist das Island-Tief schwach ausgeprägt und das Azoren-Hoch ebenfalls nur schwach, ist dementsprechend auch der Druckunterschied geringer, der NAO-Index wird negativ. Dadurch überwiegt eher der kontinentale Einfluss auf das europäische Wetter, es gibt häufiger Nord- und Südlagen, (erheblich) größere Temperaturunterschiede und kräftige Gewitter (teils auch mit Hagel und Sturmböen). Eine solche Lage wird vielfach (subjektiv) als extremeres Wetter betrachtet.

Wenn die Druckunterschiede sehr hoch bis extrem sind, mäandriert der Jetstream sehr stark, die entstehenden Tief- und Hochdruckgebiete werden blockiert und können sich nicht mehr weiterbewegen. Stationäre Tiefs lassen dann ihre gesamte Kraft über einem Gebiet ab, diese statischen Gebilde lösen oftmals Überschwemmungen und starke Schneefälle aus (Unwetterlagen). Stabile und blockierte Hochs bringen dagegen wenig Bewegung in das Wettergeschehen und führen mitunter auch zu Extremwetterlagen wie z. B. Kälte-, Hitze- oder Dürreperioden.

2 Meteorologische Grundlagen

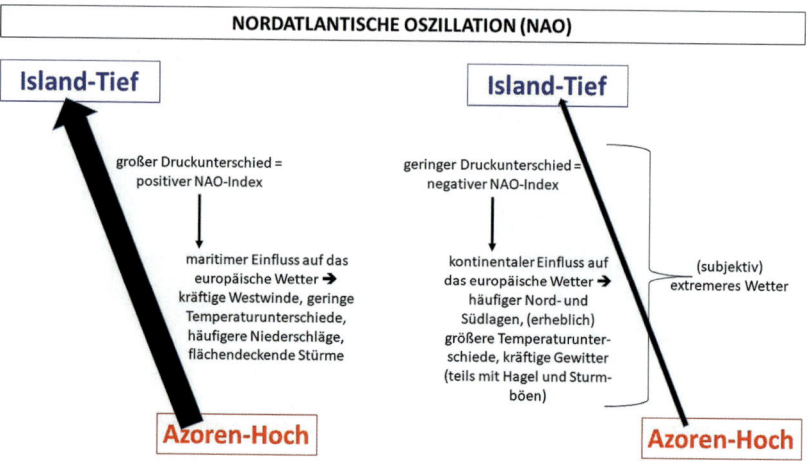

Bild 24: *Zusammenfassung der Nordatlantischen Oszillation (NAO)*

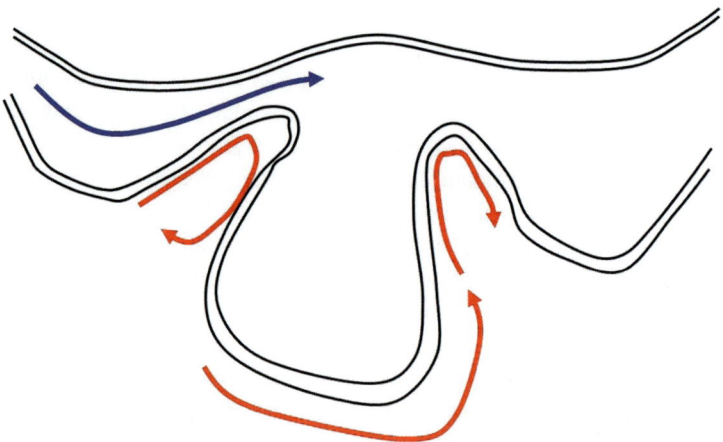

Bild 25: *Blockadelage mit abgeschnittenen Tiefs (blaue Pfeile) und Hochs (rote Pfeile)*

2.3.4.6 Die Zirkulation in den unteren Schichten der Mittelbreiten (Wettergeschehen)

Die Polarfront bildet – wie schon beschrieben – den thermischen Gegensatz zwischen tropischer Warmluft und polarer Kaltluft auf ein paar hundert Kilometern Breite verdichtet. Dadurch entstehen Wellen, die sich innerhalb der Frontalzone nach Osten bewegen. So kann sich nach ein paar Tagen im durchaus ungefähr gleichen Entstehungsgebiet eine weitere Welle bilden. An diesen Wellen entstehen sog. Frontalzyklonen, an deren Rückseite Kaltluftmassen in den südlichen Warmluftbereich vordringen und im Bereich der Vorderseite Warmluftmassen in den nördlicheren Kaltluftbereich vorstoßen. Im Verlauf holt die vordringende, schnellere Kaltfront die Warmfront ein, die Frontalzyklone löst sich auf (Okklusion).

INFO: Die Frontalzone bildet die Grenze zwischen tropischer Warmluft und polarer Kaltluft. In diesem Bereich entstehen die für das Wetter bedeutenden Tiefdruckgebiete, die einen charakteristischen Aufbau haben. Diese Tiefdruckgebiete – oder kurz »Tiefs« – bezeichnet man als Frontalzyklonen, da sie nur im Bereich der Frontalzone entstehen können.

Wichtig ist die Unterscheidung der dynamischen Hochs und Tiefs in der Höhe sowie der Zeitpunkt ihrer Entstehung: vor Bildung der Frontalzyklonen zwischen eben diesen dynamischen Hochs und Tiefs entlang der Polarfront.

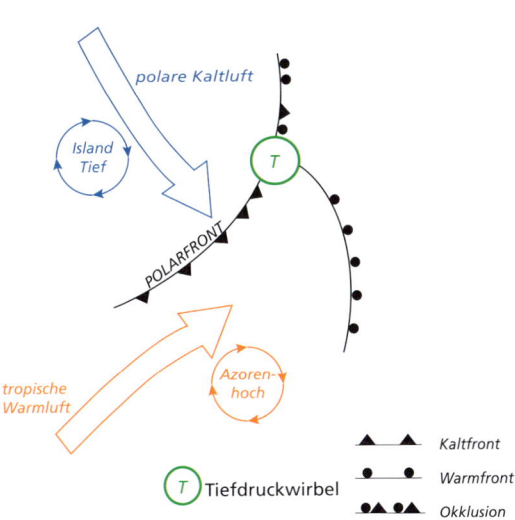

Bild 26: *Der Aufbau einer typischen Frontalzyklone in den Mittelbreiten*

2 Meteorologische Grundlagen

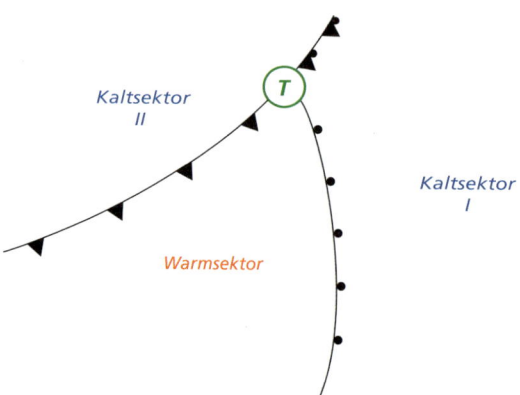

Bild 27: *Innerhalb einer Frontalzyklone bilden sich drei Sektoren, die mit den jeweiligen Fronten das Wetter bilden.*

2.3.4.7 Das Wettergeschehen bei Durchzug einer Zyklone

Ein Tiefdruckgebiet hat immer einen charakteristischen Aufbau bzw. eine immer gleiche Struktur, bestehend aus drei Sektoren und zwei sog. Fronten; das Wettergeschehen innerhalb dieses Bereichs ist nahezu immer identisch.

Tabelle 5: *Wettergeschehen beim Durchzug eines Tiefs*

Bereich der Zyklone/ des Tiefs	Wettergeschehen
Kaltsektor I	auffrischende Wind aus südlichen Richtungen
Warmfront	Leichtere Warmluft schiebt sich über die schwerere Vorderseitenkaltluft, es kommt zur Bildung von Zirrenbewölkung, im Verlauf von Schichtbewölkung und es folgt Landregen
Warmsektor	Lufttemperatur steigt deutlich an, anhaltender Wind aus Süd bis West, es ist trüb, aber ohne wesentlichen Niederschlag, z. T. heitert es auch auf
Kaltfront	Aufwirbeln der vorliegenden warmen Luftmassen, es bildet sich hochreichende Konvektionsbewölkung und es kommt zu Frontgewittern und Schauern

2.3 Wetterelemente und Klimafaktoren

Tabelle 5: *Wettergeschehen beim Durchzug eines Tiefs – Fortsetzung*

Bereich der Zyklone/ des Tiefs	Wettergeschehen
Kaltsektor II	Wind frischt böig auf und dreht auf westliche bis nördliche Richtungen, es gibt vereinzelt Schauer, der Wind flaut im weiteren Verlauf ab, ein evtl. nachfolgendes Zwischenhoch bringt Wetterberuhigung

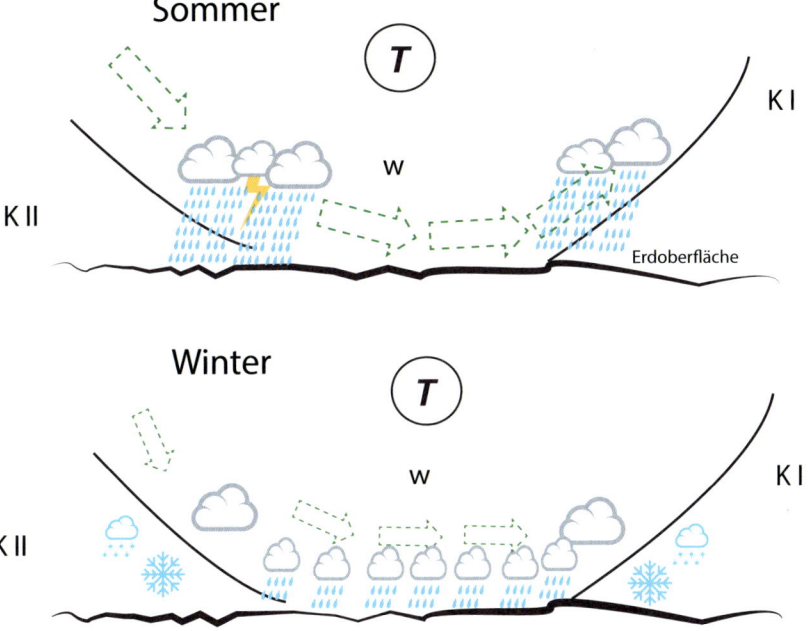

Bild 28: *Wettergeschehen beim Durchzug eines Tiefs hier im Querschnitt. (K I = Kaltzone I, K II = Kaltzone II, W = Warmzone, T = Tief)*

Die theoretische (zeichnerische) Darstellung eines Tiefs (Mittelbreitentief), das das Wettergeschehen in Europa immer wieder, teils auch eindrucksvoll, beeinflusst bzw. bildet, kann auf Satellitendarstellungen übertragen werden bzw. mit etwas Übung kann man aus Satellitenbildern die Tiefdruckgebiete und die dazugehörenden Wetterzonen herauslesen. Die Bereiche gleichen Luftdrucks werden durch Linien

47

2 Meteorologische Grundlagen

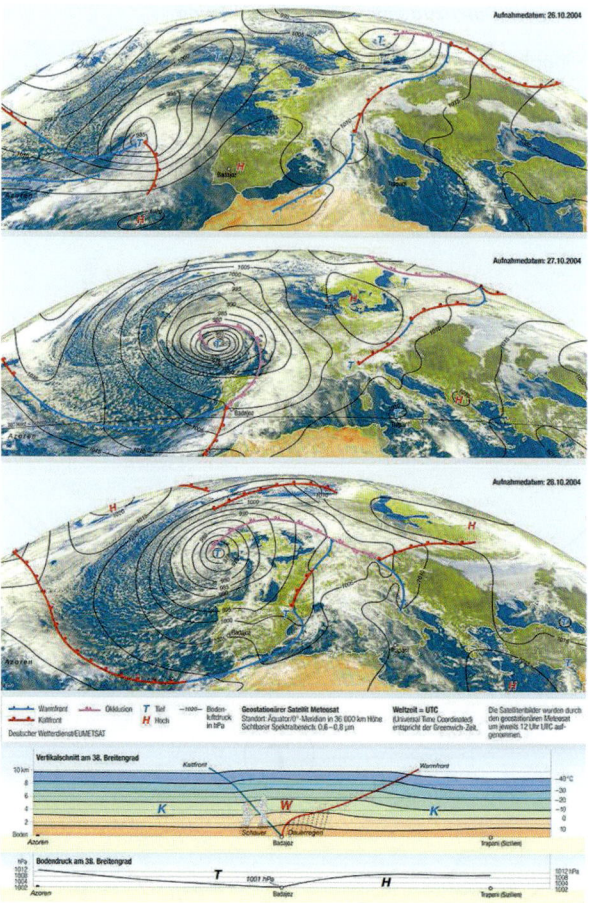

Bild 29: *Darstellung eines Tiefs anhand von Satellitenaufnahmen (Quelle: Diercke 2015, S. 93)*

miteinander verbunden (die sog. Isobaren; in Bild 29 schwarz dargestellt). Ein Tiefdruckgebiet wird in aller Regel mit einem T (blau oder schwarz geschrieben), ein Hoch mit einem H (rot geschrieben) dargestellt. An den Wolkenformationen kann man dann die Lage der jeweiligen Fronten (Kalt- und Warmfront) herauslesen und entsprechend markieren. Die so in der sog. Synoptik bzw. Wetteranalyse entstehenden Wetterkarten kennen wir aus den Nachrichten bzw. den Wettervorhersagen.

Interessant und durchaus mit heftigen Auswirkungen verbunden ist das sog. Konvektionswetter: Kaltluft bricht (schlagartig) in den Warmluftsektor ein. Dadurch

2.3 Wetterelemente und Klimafaktoren

wird die Warmluft nach oben verdrängt, was zu einer schnellen Abkühlung und damit verbunden einer starken Kondensation führt. Es bilden sich Konvektionswolken, die sehr hochreichend sind und in dem Bereich, im dem die Warmluft angehoben wird, heftige Schauer und je nach vorhandener Energie auch starke Gewitter und Sturmböen bringen können. Diese konvektiven Ereignisse sind nur sehr schwer vorhersagbar, da sie sich – im Vergleich zu »normalen« Wettergeschehen sehr kurzfristig und v. a. schnell bilden.

Die Gewitter, die sich beim Durchzug eines Tiefs bilden, unterscheiden sich nach der Art der Entstehung, was auch mitunter die Heftigkeit bzw. Gefährlichkeit einzelner Ereignisse erklärt.

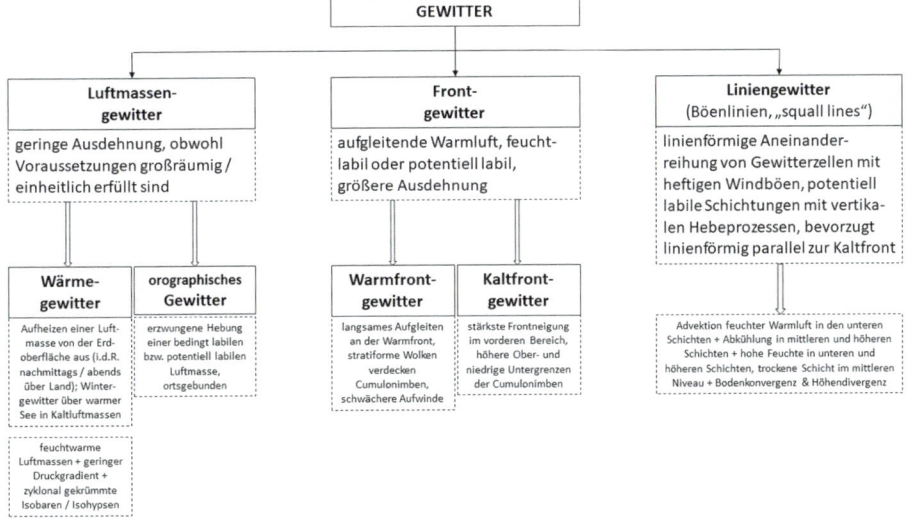

Bild 30: Arten von Gewittern und ihre Entstehung (ein Cumulonimbus ist die bei Gewittern charakteristische Wolkenform, der sog. Ambos: eine hochreichende Wolke, die bis an die sog. Wolkenobergrenze reicht, nicht mehr weiter aufsteigen kann und sich daher zu den Seiten hin ausbreitet wodurch die ambosähnliche Form entsteht).

In klarer Polarluft befindet man sich nach dem Durchzug der Kaltluft bzw. Kaltfront, es gibt gute Fernsicht bei frischem Wind (sog. Rückseitenwetter).

Wenn die Warmfront an der Vorderseite des Tiefs von der schnell ziehenden Kaltfront eingeholt wird, spricht man von einer Okklusion. Die Zyklone verliert dann an Eigendynamik, sie stirbt regelrecht. Dies geschieht im Mittelbreitenwetterablauf Europas meist in Nordeuropa oder Sibirien, weshalb diese Bereiche »Zyklonenfriedhof« genannt werden.

Antizyklonen werden in aller Regel als Hochdruckwirbel oder Hochs bezeichnet (Antizyklonen als Fachbegriff deshalb, weil sie das Gegenteil eines Tiefdruckgebiets sind). Es sind auf der Nordhalbkugel rechtsdrehende Strömungswirbel, die von West nach Ost wandern. In diesen Wirbeln strömt Luft nach allen Seiten aus, so dass es keine unterschiedlich temperierten Luftmassen gibt. Erst im Randbereich der Hochs kommt es zur Verwirbelung verschieden temperierter Luftmassen. An der Ostseite eines Hochs fließt kalte Polarluft nach Süden, während an der Westseite warme Subtropenluft nach Norden vordringt. Während des Ausströmungsvorgangs im Hoch kommt es zum Absinken der Höhenluft im Zentrum des Hochs, diese erwärmt sich und trocknet regelrecht aus, Wolken verdunsten, und es stellt sich eine Schönwetterphase ein.

Wenn keine schützende Wolkendecke vorhanden ist, ist allerdings die Ein- und Ausstrahlung intensiv (sog. Strahlungswetter). Es bilden sich dann große Temperaturgegensätze mit hohen Tagestemperaturen (im Frühjahr und Herbst mit Gefahr von Nachtfrösten bzw. ganzjährige Fröste in höhergelegenen Gebieten). In der kalten Jahreszeit (Winter) bildet sich in diesen Zeiten auch Bodennebel bei Abkühlung der Umgebungsluft unter den Taupunkt (im Hochwinter bildet sich oft auch eine dichte Nebeldecke).

2.4 Großwetterlagen und Witterungssingularitäten

Wenn Tiefs und Hochs trotz Steuerung durch den Jetstream längere Zeit eine nahezu gleiche Position behalten, spricht man von einer Großwetterlage, die mehrere Tage bis wenige Wochen andauern kann. In einer solchen Großwetterlage stellt sich eine im Wesentlichen gleichbleibende Witterung (gleichbleibender Wetterablauf) ein.

2.4 Großwetterlagen und Witterungssingularitäten

Tabelle 6: *Großwetterlagen über Europa (Beispiele)*

Zonale Zirkulation	Wellenzirkulation	Troglage (sog. Vb-Lage)
Luftmassen kommen vom Atlantik nach Mitteleuropa und bestimmen Temperatur und Wettergeschehen ▼	je nach Lage Mitteleuropas in der Zirkulation nord- oder südwärts gerichtete Strömung ▼	Linksdrehendes, fast ortsgebundenes (stationäres) Tief liegt über Mitteleuropa ▼
maritim-feuchte oder gemäßigt-warme Luftmassen	Maritime Tropikluft aus Südwest oder frische maritime Polarluft aus Nordwest ▼ sog. Meridionalzirkulation von Nord nach Süd	Heranführung feuchtwarmer Mittelmeerluft von Südost ▼ Tagelanger Aufgleitregen über östlichem Mitteleuropa

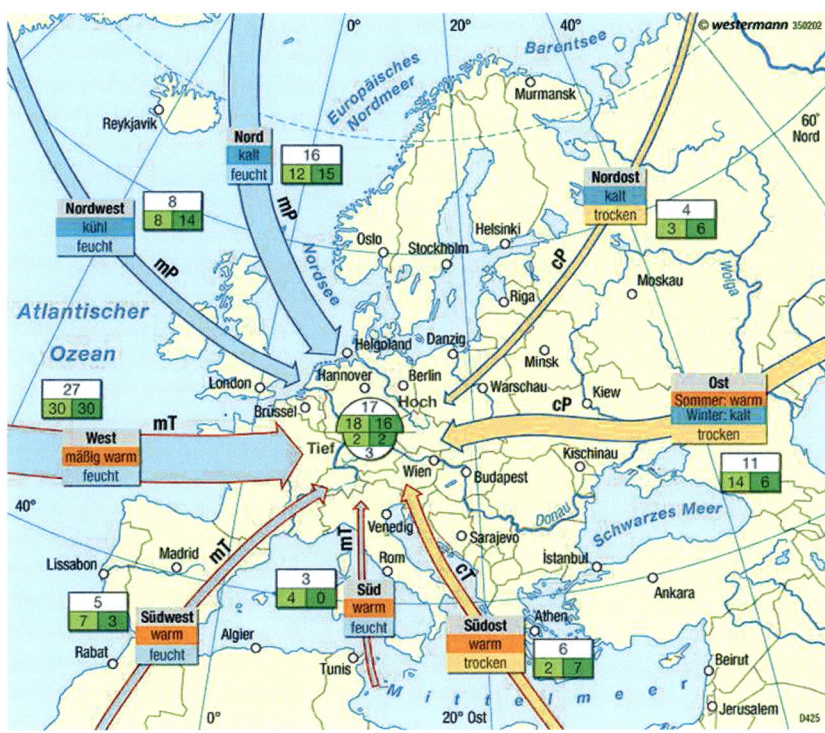

Bild 31: *Typische Großwetterlagen über Europa (Quelle: Diercke 2015)*

2 Meteorologische Grundlagen

Sind solche Großwetterlagen eingetreten, kann es zum Abschnüren von Großwirbeln kommen: Entweder fließt arktische Polarluft maritimer Herkunft oder nordsibirische Polarluft kontinentalen Ursprungs (bei Ostlagen eher osteuropäische Polarluft) nach Mitteleuropa ein; so oder so fließen extrem kalte und trockene Luftmassen ein.

Nur kurz erwähnt seien die sog. Witterungssingularitäten. Das sind Wetterlagen, die sich im statistischen Mittel besonders häufig zu bestimmten Zeiten im Jahr wiederholen (z. B. Eisheilige vom 11. bis 15. Mai, Altweibersommer vom 23. bis 30. September, Schafskälte vom 26. bis 29. Juni). Allerdings sind Wetterprognosen mit Hilfe dieser Witterungssingularitäten mit Vorsicht zu genießen, da sich das Wetter nicht an einen Kalender hält.

3 Synoptische Meteorologie: Wettermodelle, Wettervorhersagen und Wetterwarnungen

3.1 Wetterbeobachtung als Grundlagen der Vorhersage

Die Synoptik ist ein sehr umfassender Teilbereich der Meteorologie, die per se ebenfalls sehr kompliziert und komplex ist. Kurzum: Es ist unmöglich, innerhalb einer gebotenen und angemessenen Kürze die Synoptik umfassend darzustellen. Daher wird – allgemein im Buch – vieles verkürzt oder stark zusammengefasst und vereinfacht dargestellt.

»Unter synoptischer Meteorologie versteht man den Teilbereich der Meteorologie, in dem, basierend auf Messungen und Beobachtungen meteorologischer Größen, Wetterkarten erstellt werden, die zur Analyse und Diagnose des momentan in einem großräumigen Bereich vorliegenden thermo-hydrodynamischen Zustands der Atmosphäre dienen. Mit Hilfe dieser Analysekarten kann zusätzlich zur Diagnose des momentanen Wetterzustands eine kurzfristige Wetterprognose von einigen Stunden erstellt werden. (…) Um Wettervorhersagen über mehrere Tage zu erhalten, werden mit Hilfe aufwendiger Computerberechnungen Wetterkarten erstellt (…).« (Bott 2016, S.1).

Wichtig für das Verständnis, warum manche Situationen nur kurzfristig vorhergesagt werden können und längerfristige Vorhersagen nicht möglich sind, ist die Feststellung, dass die Atmosphäre (und damit das Wetter) ein chaotisches System ist, dessen Entwicklung über eine gewisse Zeitspanne hinaus nicht mehr vorhersagbar ist (»Schmetterlingseffekt«).

Grundlage aller Wettervorhersagen sind Wetteranalysekarten, die den atmosphärischen Zustand zu festgelegten Terminen beschreiben. Dafür sind meteorologische Größen (Elemente, Faktoren), wie Temperatur, Luftfeuchte, Luftdruck, Windgeschwindigkeit und -richtung etc., notwendig, die an allen Punkten des dreidimensionalen atmosphärischen Raums zu bestimmten, festgelegten Zeitpunkten (sog. synoptische Termine) erfasst werden.

3 Synoptische Meteorologie

Tabelle 7: *Synoptische Termine*

synoptische Termine		
prinzipielle Termine	synoptische Haupttermine	synoptische Zwischentermine
00 + 12 UTC	00 + 06 + 12 + 18 UTC	03 + 09 + 15 + 21 UTC

synoptische Daten
u. a. Wind (Richtung, Geschwindigkeit, Böen), Lufttemperatur 2 m, Taupunkttemperatur, Luftdruck und Luftdruckänderung, Wetterzustand/Wetterbeobachtung/ Sichtweite, Niederschläge (Höhe/Menge, Art, Intensität), Erdbodendaten (Zustand, Temperaturen), Wolken (Wolkenhöhe, -gattung) und Bedeckungsgrad, Wasseroberflächentemperatur, Wellenhöhe, Meereisdaten

Stationsmodell mit synoptischem Schlüssel

Aus dem weltweiten Messnetz, ergänzt um Wetterbeobachtungsdaten, fließen sehr große Mengen an Informationen zusammen. Alle Daten werden in Computern mit enormen Rechenleistungen erfasst und dann zunächst in Analysekarten, aber auch in Tabellenform dargestellt. Damit wird das aktuelle Wetter zu einer bestimmten Zeit an einem bestimmten Ort dargestellt.

Der Globus wird hierzu von jedem Wettermodell mit einem dreidimensionalen Raster (Gitternetz) überzogen; die Größe dieser Netze ist abhängig vom jeweiligen Modell (z. B. hat das globale Netz des DWD eine Kantenlänge von etwa 13 km; ein lokales Modell ist demgegenüber mit einem Netz von 4 × 4 km kleinräumiger und damit wesentlich detaillierter). Für jeden Gitternetzpunkt werden nach Möglichkeit die Daten gesammelt, so dass auch für die Gitternetzpunkte und deren unmittelbaren Bereich Vorhersagen berechnet werden können. Ergänzt werden alle Mess- und Beobachtungsdaten noch durch Satellitenaufnahmen. Damit hat man den Ist-Zustand der Atmosphäre (Messwerte i. d. R. stündlich, Flughafenmesswerte sogar alle 30 Minuten, Fixtermine sind die sog. synoptischen Termine).

Im Europäischen Zentrum für mittelfristige Wettervorhersage (ECMWF) werden weltweit geltende Ensembleberechnungen durchgeführt. Aus 50 globalen Wettervorhersagemodellen wird durch die sog. Ensembles gleichzeitig das Wetter für die Zukunft berechnet, wobei jedes einzelne Modell mit leicht veränderten Anfangs-

3.1 Wetterbeobachtung als Grundlagen der Vorhersage

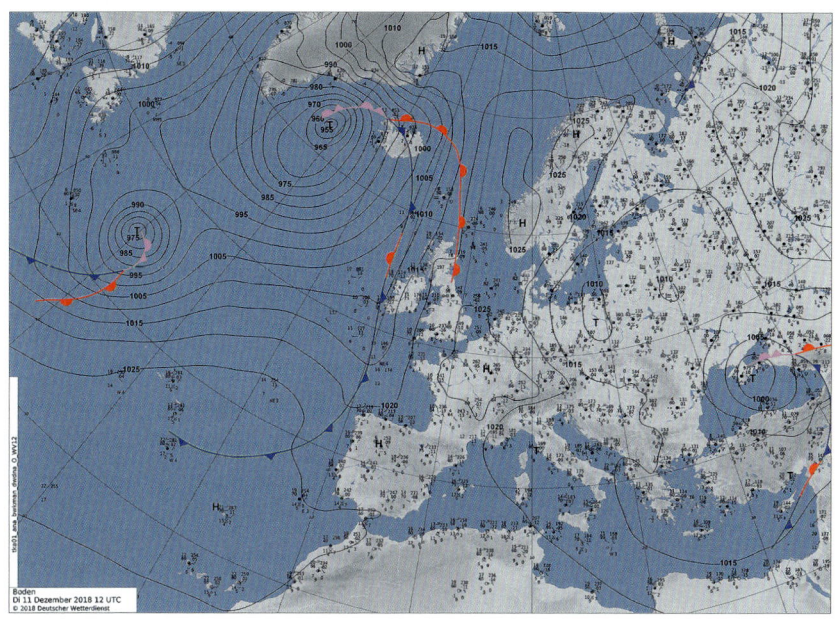

Bild 32: *Bodenanalysekarte v. 11.12.2018/12 UTC über Europa (Quelle: DWD)*

bedingungen gefüttert wird. So erhält man 50 unterschiedliche Ensembleläufe, die im schlimmsten Fall 50 unterschiedliche Ergebnisse liefern. Wetter lässt sich eben nicht hundertprozentig vorhersagen. Sind mehrere bis viele Ensembleläufe ähnlich oder gar fast identisch, ist die Prognose sehr wahrscheinlich, da trotz unterschiedlicher Anfangsbedingungen ähnliche Ergebnisse erzielt werden.

Vor allem bei den Rechenläufen der Windböen in Bild 35 (unten) wird deutlich, dass am 04.12. alle Modelle fast einheitliche Werte rechnen; insoweit kann man hier davon ausgehen, dass Böen mit diesen ermittelten Geschwindigkeiten erreicht werden. Ab dem 10.12. gehen die Linien auseinander, die Prognose wird insgesamt unsicherer. Gleiches gilt auch für die Lufttemperaturentwicklung; hier ist noch graphisch die Bandbreite, also die Unsicherheiten, sehr gut dargestellt.

Die kurzfristigen Vorhersagen (i. d. R. bis zu 3 Tagen) sind aufgrund der mittlerweile vorliegenden Menge an Messdaten und immer genauerer Rechenmodelle auch wesentlich genauer und zutreffender; je weiter eine Vorhersage jedoch in die Zukunft geht, desto ungenauer wird die Prognose, es sind dann vielfach bloße Trends.

3 Synoptische Meteorologie

Bild 33: Beispielhafte Darstellung des Atmosphärenrasters; für jeden Punkt werden Daten gesammelt bzw. in Großrechnern für die Prognose errechnet

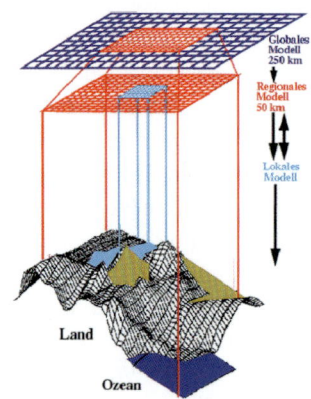

Bild 34: Vom globalen zum lokalen Wettermodell. Wettermodelle entstehen »von oben nach unten«. Aus sehr grobmaschigen Modellnetzen (250 x 250 km), die sehr ungenau sind und über große Gebiete gehen, werden immer feinere, besser aufgelöste Modelle entwickelt (Regionalmodelle mit einer Maschenweite von 50 x 50 km, bis zu Lokalmodellen mit einer Auflösung von 1 x 1 km); erst bei sehr hoch aufgelösten, engmaschigen Modellnetzen sind Details wie Berge, Höhenzüge, Täler etc. erkennbar (vgl. auch die Bilder 40 und 41)

3.1 Wetterbeobachtung als Grundlagen der Vorhersage

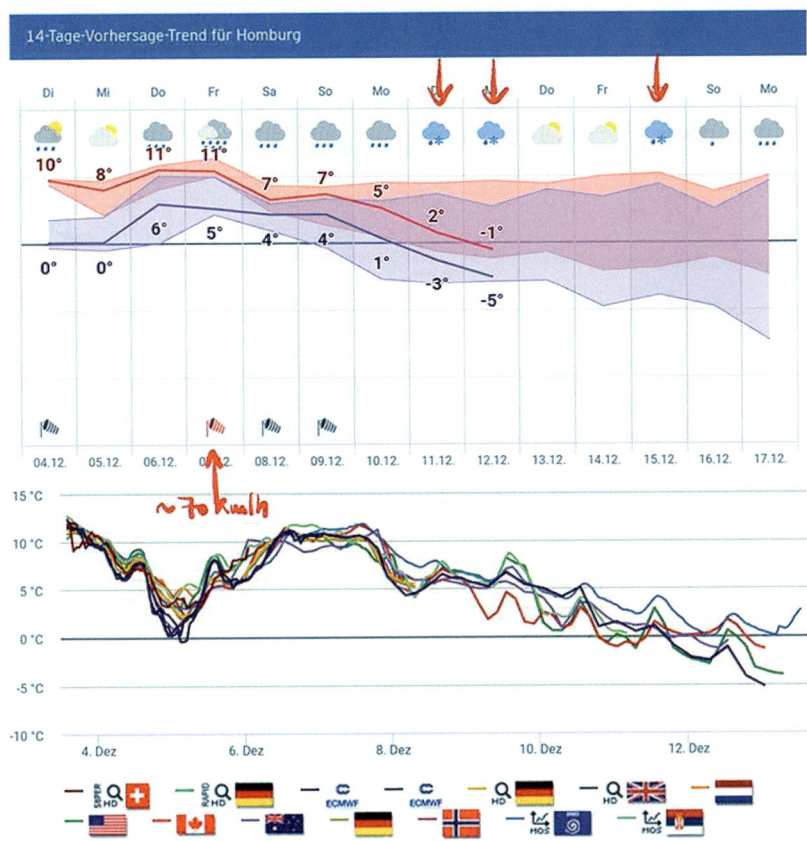

Bild 35: oben: Ensembleberechnung u. a. für die Lufttemperatur (rot = mögliche Maximallufttemperaturen, blau = mögliche Minimallufttemperaturen), (Quelle: www.kachelmannwetter.com)

unten: Ensembleberechnung für die Windböen (Quelle: www.kachelmannwetter.com)

Noch weiter in die Zukunft das Wetter vorhersagen zu wollen, ist aber Kaffeesatzleserei und Spekulation. Wetter lässt sich nicht sehr weit in die Zukunft voraussagen. Ursache ist das unvorhersehbare Chaos im System sowie unvermeidbare Informationslücken (es gibt eben auch nicht überall alle Messwerte).

Wir halten fest:
- Sind sich die meisten Modelle einig, dann wird sich das Wetter wahrscheinlich entsprechend der Prognose entwickeln.

- Sind sie sich dagegen uneinig, bedeutet dies, dass das Wetter in unterschiedliche Entwicklungen »kippen« kann; entsprechend vorsichtig und kritisch muss daher mit solchen längerfristigen Trends umgehen.

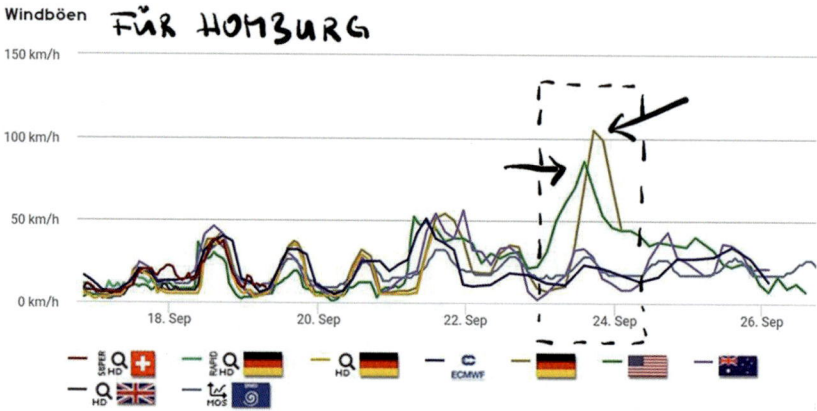

Bild 36: *Weiteres Beispiel mit deutlichen Unsicherheiten in der Zukunft (Quelle: www.kachelmannwetter.com)*

Wichtig ist daher: Wenn man die Möglichkeit hat, verschiedene Wettermodelle zu vergleichen, dann sollte man dies auch tun! Man kann sich selbst ein Bild machen und braucht sich nicht auf ein einziges Modell zu verlassen, denn ein Modell muss nicht unbedingt richtig liegen.

Die Vorhersagen sind aber insgesamt durch die Ensembletechnik und die Möglichkeit, verschiedene Wettermodelle miteinander zu vergleichen, präziser geworden, weil man Unsicherheiten einschätzen kann.

Dies alles leistet, aufbauend auf der allgemeinen Meteorologie, welche das Grundlagenwissen liefert, im Wesentlichen die synoptische Meteorologie. Die numerische Analyse ist dabei nichts anderes als die Rechenläufe der unterschiedlichen Modelle.

3.1 Wetterbeobachtung als Grundlagen der Vorhersage

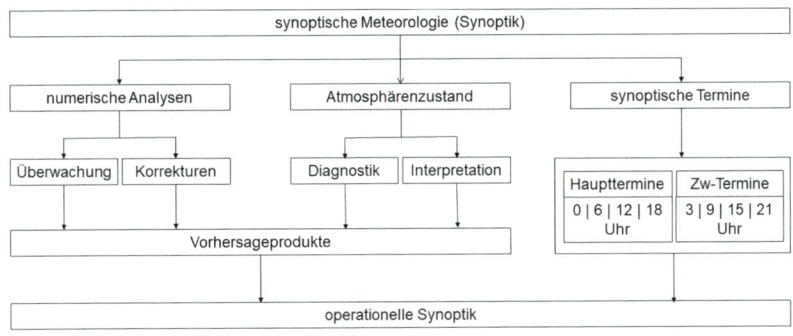

Bild 37: *Aufgabenbereiche der synoptischen Meteorologie*

Feuerwehren kennen den Führungsvorgang, ein Ablaufschema, das neben der Erkundung, die Bewertung und abschließend die Entscheidung umfasst. Dieses Schema wiederholt sich ständig, da jede Entscheidung immer wieder überprüft und ggf. angepasst wird. Dieses Führungsmodell lässt sich auch in groben Zügen auf die synoptische Meteorologie übertragen.

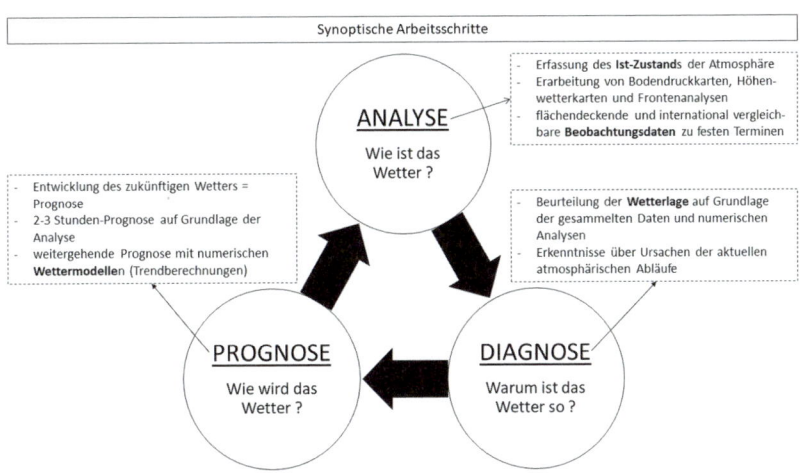

Bild 38: *Arbeitsschritte der Synoptik als Regelkreis*

Die »meteorologische Erkundung« besteht in der Synoptik aus der Analyse des Ist-Zustands der Atmosphäre, das Wetter wird beschrieben und erfasst. Danach folgt die

3 Synoptische Meteorologie

»meteorologische Bewertung«, warum das Wetter gerade so ist, wie es ist. Die Prognose ist schlussendlich nichts anderes als die »meteorologische Entscheidung und Befehlsgebung«.

Diese Schritte kann man anhand von Wetterdaten und auch Wettermodellen, die man als Nutzer zur Verfügung hat, auch selbst durchführen, um sich sein eigenes Lagebild zu machen.

3.2 Wettervorhersagemodelle

Das Wetter vorherzusagen ist eines unserer tief verwurzelten Bedürfnisse, was im Laufe der Jahre ein umfangreiches (Un-)Wettermanagement zur Folge hatte. Ohne genaue Wetterprognosen gäbe es aber auch viele Produkte und Dienstleistungen entweder gar nicht oder nicht in der Qualität oder nicht zu einem erschwinglichen Preis. Das Interesse an der Meteorologie war in der Bevölkerung anfänglich (am Ende des 19. Jahrhunderts) eher gering und vorwiegend durch die Bedürfnisse der Landwirtschaft geprägt (daher auch die bekannten Bauernregeln) sowie durch die Notwendigkeit, bei großen Unwettern rechtzeitig gewarnt zu werden.

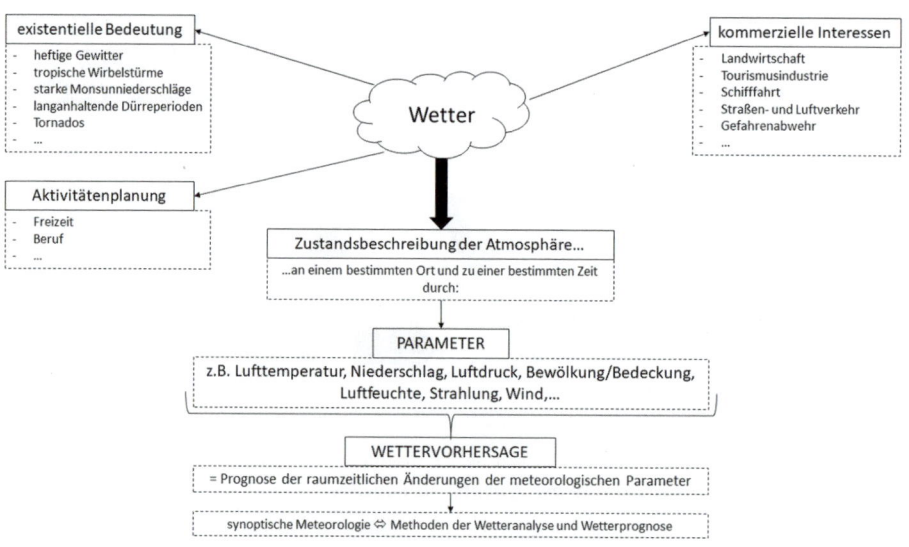

Bild 39: *Der Effizienzgedanke beim Wetter und der Wettervorhersage*

3.2 Wettervorhersagemodelle

Aber der Effizienzgedanke wuchs im Laufe der Zeit deutlich an. Das Wissen über das Wetter macht die Daseinsvorsorge insgesamt zuverlässiger, Arbeitsschritte sind besser planbar; vielfach sind meteorologische Daten heutzutage bereits feste Bestandteile von Planungsprozessen und Planungssystemen. Die menschliche Verbindung zum Wetter reicht von einfachen Befindlichkeiten wie zu kalt, zu nass, zu trocken oder zu warm bis hin zu wirtschaftlichen Abhängigkeiten. Die Frage nach dem Wetter begleitet uns täglich, schließlich sind wir alle in vielen Lebens- und Arbeitsbereichen ganz unmittelbar davon abhängig.

Ausgehend von einem bestimmten Zeitpunkt soll eine Vorhersage für verschiedene, meteorologische Parameter erstellt werden. Die einfachste Methode einer Wettervorhersage ist der Blick aus dem Fenster: Man stellt fest, wie das Wetter ist, blickt vielleicht noch auf ein Thermometer und entscheidet dann weiter. Bei grauer, dichter Bewölkung etc. geht man z. B. davon aus, dass es in Kürze regnen wird und man entscheidet, einen Regenschirm mit zu nehmen. Man hat sich selbst eine Kurzfristvorhersage erstellt.

Wettermodelle rechnen die Entwicklung des zukünftigen Wetters durch Lösen nichtlinearer Differentialgleichungen aus. Die dafür notwendigen Parameter sind die Mess- und Beobachtungsdaten, die weltweit gesammelt werden (vgl. Kap. 3.1).

Nichtlineare Prozesse führen zu Lösungen, die abhängig von kleinen Veränderungen bei der Anfangssituation (extrem) unterschiedlich ausfallen können. Die Atmosphäre ist eben ein nichtlineares, chaotisches System, bei dem kleinste Änderungen beim Ist-Zustand des Wetters (= Anfangsbedingungen) nach ein paar Tagen zu einer völlig anderen Wetterlage führen können. Obwohl eine Vielzahl an atmosphärischen Prozessen bzw. Regeln bekannt sind, sind unendlich viele nichtlineare (chaotische) Wechselwirkungen und Rückkopplungen (»Wenn-dann-Frage«) noch nicht vollständig bekannt bzw. zu überblicken; es herrscht ein sog. deterministisches Chaos.

Die für Wettervorhersagemodelle entwickelten nichtlinearen, chaotischen Differentialgleichungen enthalten zudem eine Vielzahl von Unbekannten (Variablen), die sog. Näherungslösungen notwendig machen, da eindeutige Lösungen nicht zu berechnen sind (»Schätzwerte«):

- Werden dabei Teile der Gleichungen nach Größenabschätzung als vernachlässigbar angesehen, verringert das die Anzahl der Variablen, man lässt Daten weg (sog. Skalenanalyse).
- Durch die Aufteilung der Atmosphäre in dreidimensionale Raster erhält man sehr kleine Einheiten für die Datensammlung; je kleiner und feiner das Gitter dabei ist, desto genauer werden die Daten, die man für die

Berechnung zur Verfügung hat; umgekehrt liefern große Raster ungenaue Daten, was zu ungenauen Lösungen führt (sog. Diskretisierung).
- Ersetzt man zur Berechnung nicht berechenbare Größen durch andere Variablen, die man kennt, kann man ein Ergebnis einigermaßen abschätzen (sog. Parametrisierung).

Bei allen drei Varianten ist aber klar, dass es Schätzwerte und keine Messdaten sind. Eine Verbesserung der Vorhersagequalität und des Vorhersagezeitraumes ist dann möglich, wenn die Anfangsbedingungen genauer bekannt und damit bessere Parametrisierungen der Gleichungen möglich sind; dann ergeben sich nämlich höhere Rechenauflösungen. Anders formuliert: Je mehr unbekannte man durch bekannte Daten ersetzen kann, desto besser ist das Ergebnis.

Die Verlässlichkeitsüberprüfung von Rechenmodellen (»Qualitätskontrolle«) erfolgt – wie schon beschrieben – durch die Ensembleläufe: Ähnliche Lösungen = gute Qualität, größere Unterschiede = unsichere Vorhersage. Analog gilt das auch für den Vergleich verschiedener Wettermodelle: Ähnliche Lösungen = gute und wahrscheinliche Vorhersage, große Unterschiede = unsichere Entwicklung.

Wettermodelle sind numerische Vorhersagen, also rein computergestützte Wetterprognosen. Die Ermittlung des aktuellen Zustands der Atmosphäre erfolgt an (überwiegend automatisiert arbeitenden) Messstationen, manuell ergänzt um Beobachtungen. Die Rechenmodelle errechnen dann durch (leichte) Veränderungen der Daten zukünftige Zustände mittels sehr komplizierter, umfangreicher und unübersichtlicher Gleichungen.

Wettermodelle werden nach ihrer Reichweite und damit nach den zur Verfügung stehenden Daten in Global-, Regional- und Lokalmodelle unterteilt.

Tabelle 8: *Unterschiede von Global-, Regional- und Lokalmodellen*

Globalmodelle	Regional- bzw. Lokalmodelle
- weltweite Prognosen mit Haupt- und vielen Ensembleprognosen - geringere Auflösung und damit verbunden geringerer Rechenaufwand - große Gebiete abdeckbar	- kleinere Raumvorhersagen - kürzere Zeiträume - höhere Auflösung und damit verbundenem wesentlich höherem Rechenaufwand

3.2 Wettervorhersagemodelle

Tabelle 8: *Unterschiede von Global-, Regional- und Lokalmodellen – Fortsetzung*

Globalmodelle	Regional- bzw. Lokalmodelle
▪ dreidimensionales Gitternetz über die gesamte Erde ▪ Berechnungen für jeden einzelnen Gitterpunkt für jeden einzelnen meteorologischen Parameter/Messwert in festen Zeitschritten ▪ Maschenweite ca. 9 bis ca. 50 km ▶ grobe Auflösung ▶ kleinräumige Prozesse und lokale/regionale Topographie unterhalb der Schwellen nicht erfassbar oder nur mit großem Aufwand (manuell) einfügbar	▪ deutlich geringere Maschenweite mit ca. 1 bis max. 10 km ▶ bessere Auflösung ▪ deutliche höhere Rechnerkapazität erforderlich, daher nur für begrenzte Regionen durchführbar ▪ Werte globaler Modelle liefern aber Rahmendaten (sog. »Nesting«)

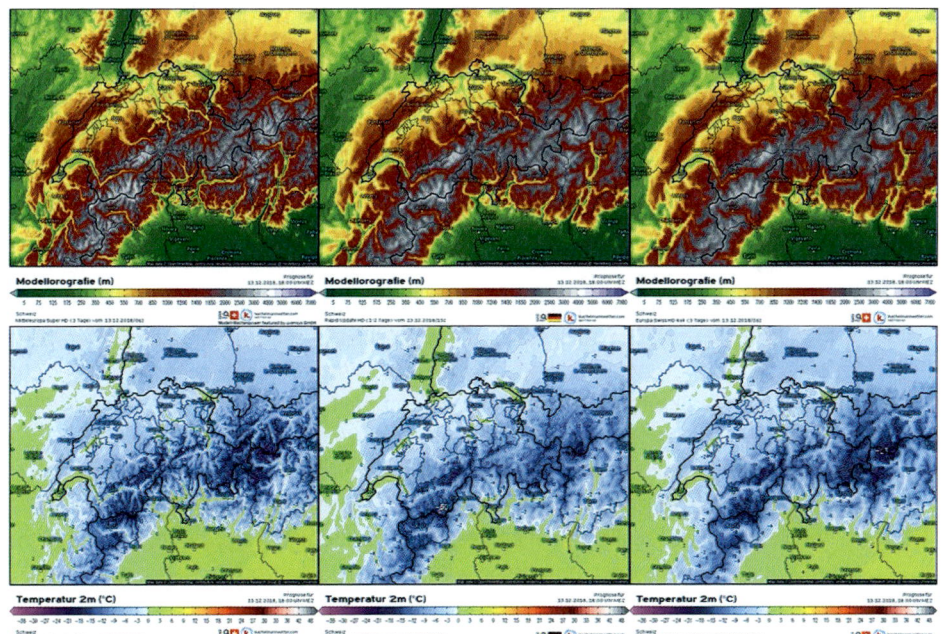

Bild 40: *Vergleich der unterschiedlichen Modellauflösungen (sog. Modellorografie) in der oberen Bildhälfte verschiedener Wettermodelle, untere Bildhälfte: 2 m-Temperaturprognose des jeweiligen Modells (v. l. n. r.: Mitteleuropa SuperHD/COSMO-D2/SwissHD4 x4)*

3 Synoptische Meteorologie

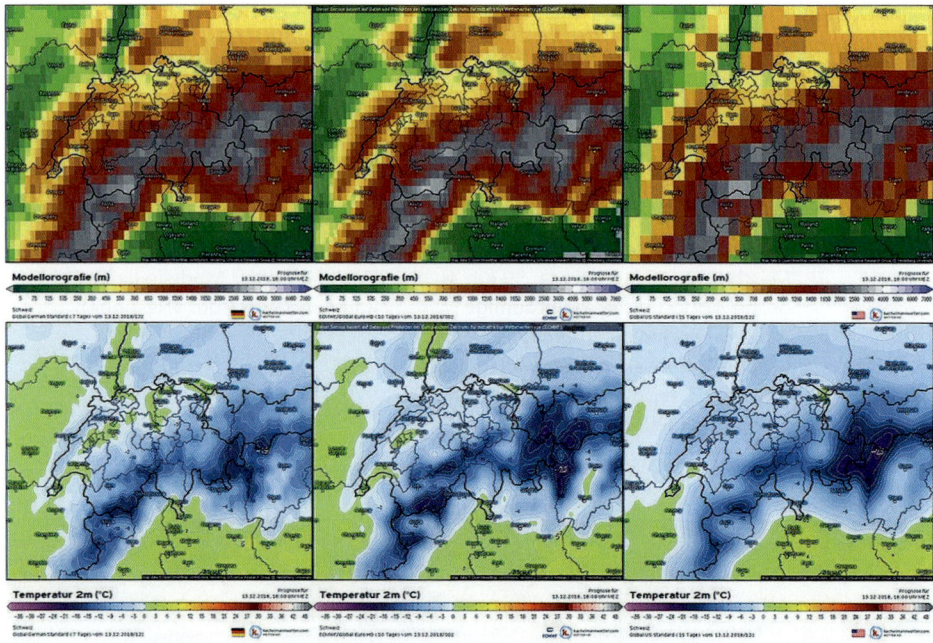

Bild 41: **Weitere Modelle hinsichtlich ihrer Auflösung (Modellorografie) im Vergleich inkl. 2 m-Temperaturprognose als Beispiel → v. l. n. r.: ICON/ECMWF/GFS**

Die Hauptunterschiede in den einzelnen Wettermodellen liegen in der Auflösung (und damit in der Genauigkeit) und in unterschiedlichen Anfangszuständen. Einfließende Messwerte sind hingegen für alle Wettermodelle gleich, jedoch nicht immer für alle Gitterpunkte vorliegend, was mathematische Verfahren zum Ausfüllen der Lücken notwendig macht.

In Bild 40 und 41 ist dargestellt, wie unterschiedlich die Auflösungen verschiedener Wettermodelle sind. In der jeweils oberen Bildreihe ist die Kartenbasis des jeweiligen Modells zu sehen, darunter als Beispiel die Vorhersage der 2 m-Lufttemperatur (die Bezeichnung der einzelnen Modelle sind nachfolgend in Bild 43 zu finden). Es ist gut zu erkennen, dass das hauseigene Modell der Kachelmann-Gruppe (das Mitteleuropa SuperHD) mit einem 1 × 1 km-Raster sehr hoch und sehr gut aufgelöst ist und damit auch wesentlich detaillierte Aussagen zu künftigen Wetterereignissen zulässt. Je gröber bzw. je geringer die Auflösung oder das Raster eines Wettermodells ist, desto unschärfer wird die Darstellung und desto ungenauer

3.2 Wettervorhersagemodelle

die darauf basierende Berechnung der künftigen Wetterentwicklung. Das undeutlichste Modell ist das GFS (in Bild 41 das dritte Modell in der Reihe) des US-amerikanischen Wetterdienstes, das mit einer Maschenweite von 28 × 28 km die komplette Erde überzieht. Damit kann das globale Modell weltweit Vorhersagedaten liefern, wohingegen das SuperHD-Modell z. B. nur für Mitteleuropa das Wettergeschehen berechnet (viel detaillierter, viel genauer, dafür aber mit enorm hohem Rechenaufwand). Gleichwohl lohnt sich, gerade bei angekündigten Unwetterlagen, der Modellvergleich.

Kleinste Änderungen des Ausgangszustands können bei längerfristigen Berechnungen – wie bereits erwähnt – große Auswirkungen haben (sog. »Schmetterlingseffekt« des chaotischen Systems »Wetter«). Ensembleprognosen nutzen im sog. Hauptlauf die ursprünglich gemessenen und interpolierten Werte; geringfügige Änderungen des Ausgangszustands machen dann neue Rechenläufe mit mehreren, unterschiedlichen Varianten notwendig (insgesamt können bis zu 50 Rechenläufe mit – im Extremfall – 50 unterschiedlichen Ergebnissen durchgeführt werden). Neben verschiedenen Rechenläufen eines Wettermodells werden auch verschiedene Wettermodelle mit gleicher Ergebnisinterpretation miteinander verglichen. Letztlich muss

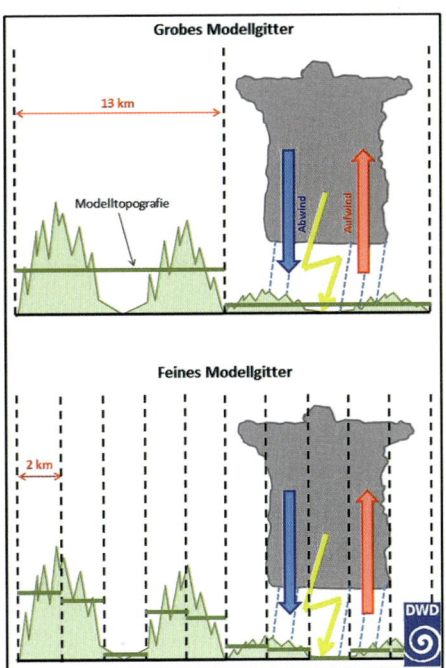

Bild 42: *Unterschiede zwischen grobem und feinem Modellgitter (Quelle: DWD)*

3 Synoptische Meteorologie

man dann entscheiden, welches Modell für die jeweilige Lage bessere Ergebnisse liefert. Daraus entwickeln sich dann die Wettervorhersagen und auch die Wetterwarnungen, wie wir sie tagtäglich lesen, hören oder sehen. Letztlich ist aber ein Modellvergleich sinnvoll und m. E. für die Gefahrenabwehrplanung sogar notwendig, um eine bessere Lageeinschätzung durchführen zu können. Sich nur auf ein Modell zu konzentrieren, kann durchaus zu einer falschen Lageeinschätzung führen, wenn man gerade das Modell nutzt, das die schlechteren Ergebnisse liefert (Beispiel: Wenn man die Möglichkeit hat, ein wesentlich höher aufgelöstes Regional- oder Lokalmodell zu nutzen, sollte man nicht unbedingt ein globales, unschärferes Modell verwenden).

Vergleicht man mehrere Modelle, fällt es einfacher, einzuschätzen, ob eine Handlung (z. B. Alarmierung für Unwettereinsatz) notwendig ist. Folgende Fragen gilt es immer zu beachten:

- Was wissen wir?
- Was erwartet uns wann und mit welcher Wahrscheinlichkeit?
- Wer ist betroffen?
- Was kann und was muss bereits jetzt getan werden?

Beim Wettergeschehen haben wir öfters den Eindruck der Plötzlichkeit, in der der Mensch von einem Wetter überrascht wird, da die vorhergehende Wetterentwick-

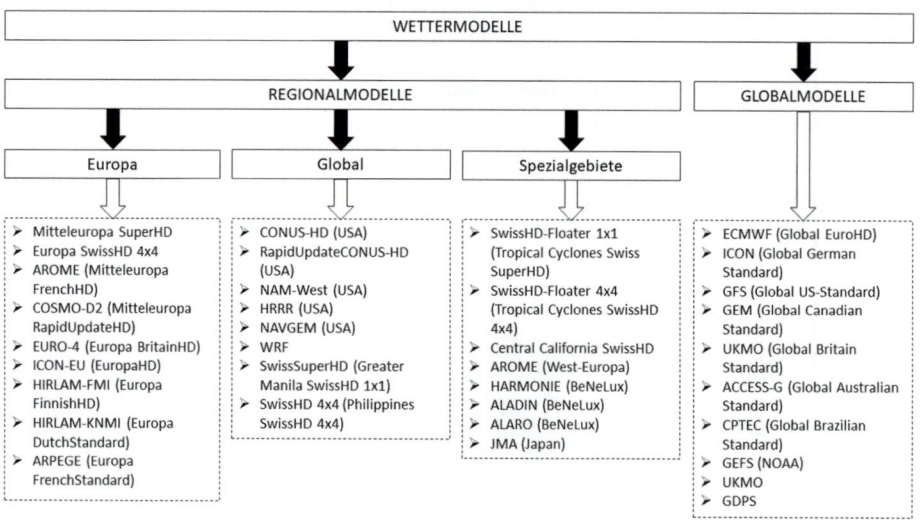

Bild 43: *Auswahl und Übersicht verschiedener Wettermodelle*

lung nicht beobachtet wurde. Aber jede Wetterentwicklung braucht eine gewisse Zeit und kündigt sich immer vor dem Ereignis an; Blitz, Hagel, Regen, Schnee, Eis usw. sind »nur« die Endphasen von Wettervorgängen. Einzig die Zeit vorher ist variabel: Im Extremfall max. 2 Stunden davor, sonst durchaus 2 bis 3 Tage. Mit ein wenig Übung und Praxis können sich daher auch Gefahrenabwehrbehörden selbst ein Bild vom Wetter machen und sich nicht überraschen lassen; das erleichtert auch die Einsatzvorbereitung und Einsatzplanung. Messdaten und Beobachtungsaufzeichnungen kann man anschließend sinnvoll für eine Einsatznachschau und Einsatzauswertung nutzen.

3.3 Wettervorhersagen

So wie es globale, regionale und lokale Wettermodelle gibt, gibt es auch entsprechende Wettervorhersagen, die sich hinsichtlich des Vorhersagezeitraumes und auch hinsichtlich der räumlichen Ausdehnung unterscheiden. Je nachdem, für welchen Zeitraum oder v. a. für welches Gebiet man eine Vorhersage möchte, wählt man auch zuerst das entsprechende Wettermodell; ein Modellvergleich ist aber auf jeden Fall empfehlenswert.

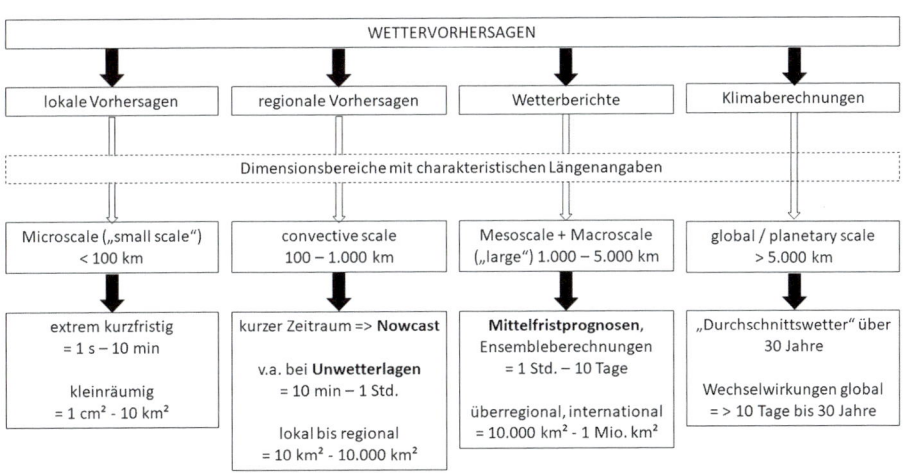

Bild 44: *Dimensionsbereiche von Wettervorhersagen mit charakteristischen Längenangaben*

3.4 Prognose- und Vorhersageparameter in Wettermodellen

Es gibt eine Vielzahl von Prognose- bzw. Vorhersageparametern in den einzelnen Wettermodellen. Nicht jedes Modell berechnet alle Parameter, aber Standarddaten (z. B. Lufttemperatur, Niederschlagsmengen, Windgeschwindigkeiten, Luftdruck, Luftfeuchtigkeit usw.) werden von allen Modellen berechnet.

Für die Gefahrenabwehr sind aber nicht alle zur Verfügung stehenden Parameter von Bedeutung, obwohl alle in Wechselwirkung zueinander stehen bzw. sich gegenseitig im Chaossystem »Wetter« beeinflussen.

In der nachfolgenden Übersicht sind fast alle Parameter aufgelistet (ohne Anspruch auf Vollständigkeit); die Parameter, die aus meiner Sicht für die Gefahrenabwehr sinnvoll und nützlich sind, sind entsprechend farblich markiert (rot = sinnvoll/notwendig, gelb = nützlich). Die Auswahl an Parametern ist auch und v. a. vor dem Hintergrund bestehender bzw. möglicher Wetterrisiken und Wettergefahren (vgl. Kap. 4) bzw. deren (Aus-)Wirkungen erforderlich.

Tabelle 9: *Wetterparameter*

Parameterbereich	Parameter
Beobachtungen	signifikantes Wetter
	Wolken & signifikantes Wetter
	Sichtweite
Temperatur	2 m-Temperatur
	max. Temperatur 2 m (12 h)
	min. Temperatur 2 m (12 h)
	max. Temperatur 2 m (6 h)
	min. Temperatur 2 m (6 h)
	potentielle Temperatur
	äquivalent-potentielle Temperatur
	Temperatur bodennah (5 cm)
	Nullgradgrenze
	Windchill
	Wassertemperatur

3.4 Prognose- und Vorhersageparameter in Wettermodellen

Tabelle 9: *Wetterparameter – Fortsetzung*

Parameterbereich	Parameter
Luftfeuchtigkeit	relative Luftfeuchtigkeit
	Taupunkttemperatur
	Feuchtkugeltemperatur
Luftdruck	Luftdruck auf Meereshöhe
	Luftdruckänderung 3 h
Wind	Windrichtung & -mittel
	Windböen 1 h
	Windböen 6 h
	Windböen 24 h
	Windmittel und Strömungslinien
	signifikante Wellenhöhen
	signifikante Wellenhöhe und -richtung
Wind für Windenergie	Windmittel in 100 m
Sonnenschein	Sonnenscheindauer 1 h
Globalstrahlung	Globalstrahlung letzte h
Wolken	Bedeckungsgrad
	Bedeckungsgrad niedrige Wolken
	Bedeckungsgrad mittlere Wolken
	Bedeckungsgrad hohe Wolken
Niederschlag	Niederschlagssumme 1 h
	Niederschlagssumme 3 h
	Niederschlagssumme 6 h
	akkumulierte Niederschlagsmenge

Tabelle 9: *Wetterparameter – Fortsetzung*

Parameterbereich	Parameter
Unwetterparameter	simulierte max. Radarflektivität
	simulierte maximale Radarreflektivität 1 km über Grund
	Supercell Composite Parameter
	Superzellen-Index (rotierende Aufwinde)
	Helizität 0–3 km
	Aufwindhelizität und Reflektivität
	maximaler Aufwind (Säule)
	vertikale Windscherung 0–1 km
	vertikale Windscherung 0–6 km
	Temperaturgradient 0–1 km
	CAPE (durchmischte Schicht)
	CAPE (bodennah)
	CIN (durchmischte Schicht)
	CIN (bodennah)
	Energy Helicity Index (EHI)
	Signifcant Tornado Parameter
	Blitzrate (Blitze pro h)
	Blitzdichte 3 h/6 h
	atmosphärisches Niederschlagswasser
	VL-Kondensat in der Säule
	Niederschlag 1 h (Graupel/Hagel)
	akk. Niederschlagsmenge (Graupel/Hagel)
	K-Index
	Soaring Index
	Lifted-Index (bodennah)
	Fire Weather Index

3.4 Prognose- und Vorhersageparameter in Wettermodellen

Tabelle 9: *Wetterparameter – Fortsetzung*

Parameterbereich	Parameter
Wahrscheinlichkeiten Tropenstürme	wahrscheinliche Niederschläge > 1 mm/24 h
	wahrscheinliche Niederschläge > 10 mm/24 h
	wahrscheinliche Niederschläge > 20 mm/24 h
	tropische Depression innerhalb 48 h
	tropischer Sturm innerhalb 48 h
	tropischer Wirbelsturm innerhalb 48 h
simulierte Satellitenbilder	Satellit IR Simulation
	SatWV 300 hPa Simulation
Schnee	Schneehöhe
	Niederschlagssumme 1 h (Schnee)
	Niederschlagssumme 6 h (Schnee)
	akk. Niederschlag (Schnee)
	Schneefallgrenze
	Schneewasseräquivalent
	akk. Niederschlag (Eisregen)
	Eisbedeckung Meere/Seen
Biowetter	Stadt-Stink-Index (SSI)
	Pollen – Gras
	Pollen – Roggen
	Pollen – Ambrosia
	Pollen – Beifuß
	Pollen – Birke
	Pollen – Hasel
	Pollen – Erle
	Pollen – Esche

3 Synoptische Meteorologie

Tabelle 9: *Wetterparameter – Fortsetzung*

Parameterbereich	Parameter
Luftverschmutzung	Lufttrübung (gesamtes Aerosol)
	Lufttrübung (Minderalstaub)
	Lufttrübung (Ruß)
	Lufttrübung (Organisches Aerosol)
	Lufttrübung (Meersalz)
	Lufttrübung (Sulfat)
	Kohlenstoffmonooxid Säule
	Stickstoffdioxis Säule
	Feinstaub PM10
	Feinstaub PM2,5
Wärmefluss	sensibler Wärmefluss am Boden
	latenter Wärmefluss am Boden
Verdunstung	akkumulierte Verdunstung
	Verdunstung 24 h
Feuchtefluss	Feuchtefluss in Bodennähe
Flugmeteorologie	Grenzschichthöhe
	Hebungskondensationsniveau
	Luv/Lee-Vertikalbewegungen (trocken)
Drucklevel 1.000 hPa/100 m	Temperatur 1.000 hPa
	Windmittel und Strömung 1.000 hPa
	relative Luftfeuchtigkeit 1.000 hPa
	geopotentielle Höhe 1.000 hPa
Drucklevel 925 hPa/700 m	Temperatur 925 hPa
	Windmittel und Strömung 925 hPa
	relative Luftfeuchtigkeit 925 hPa
	geopotentielle Höhe 925 hPa

3.4 Prognose- und Vorhersageparameter in Wettermodellen

Tabelle 9: *Wetterparameter – Fortsetzung*

Parameterbereich	Parameter
Drucklevel 850 hPa/1.500 m	Temperatur 850 hPa
	Windmittel und Strömung 850 hPa
	relative Luftfeuchtigkeit 850 hPa
	relative Vorticity 850 hPa
	Theta-E und Geopotential 850 hPa
	geopotentielle Höhe 850 hPa
Drucklevel 700 hPa/3.000 m	Windmittel und Strömung 700 hPa
	relative Vorticity 700 hPa
	relative Luftfeuchtigkeit 700 hPa
	Temperatur 700 hPa
	geopotentielle Höhe 700 hPa
Drucklevel 500 hPa/5.000 m	Temperatur 500 hPa
	Windmittel und Strömung 500 hPa
	relative Vorticity 500 hPa
	relative Luftfeuchtigkeit 500 hPa
	geopotentielle Höhe 500 hPa
Drucklevel 300 hPa/9.000 m	Temperatur 300 hPa
	Windmittel und Strömung 300 hPa
	relative Vorticity 300 hPa
	relative Luftfeuchtigkeit 300 hPa
	geopotentielle Höhe 300 hPa
Drucklevel 250 hPa/10.400 m	Temperatur 250 hPa
	Windmittel und Strömung 250 hPa
	relative Luftfeuchtigkeit 250 hPa
	geopotentielle Höhe 250 hPa

3 Synoptische Meteorologie

Tabelle 9: *Wetterparameter – Fortsetzung*

Parameterbereich	Parameter
Drucklevel 200 hPa/11.800 m	Temperatur 200 hPa
	Windmittel und Strömung 200 hPa
	relative Luftfeuchtigkeit 200 hPa
	geopotentielle Höhe 200 hPa
Drucklevel 100 hPa/15.800 m	Temperatur 100 hPa
	Windmittel und Strömung 100 hPa
	relative Luftfeuchtigkeit 100 hPa
	geopotentielle Höhe 100 hPa
Drucklevel 50 hPa/19.300 m	Temperatur 50 hPa
	Windmittel und Strömung 50 hPa
	relative Luftfeuchtigkeit 50 hPa
	geopotentielle Höhe 50 hPa
Drucklevel 30 hPa/23.500 m	Temperatur 30 hPa
	Windmittel und Strömung 30 hPa
	relative Luftfeuchtigkeit 30 hPa
	geopotentielle Höhe 30 hPa
Drucklevel 10 hPa/26.500 m	Temperatur 10 hPa
	Windmittel und Strömung 10 hPa
	relative Luftfeuchtigkeit 10 hPa
	geopotentielle Höhe 10 hPa
Kompositkarten	Großwetterlagen- & Synoptikkomposit
	Gewitterkomposit
Geografieparameter (Modellgrundlage)	Modellorografie

Ein wichtiger und nützlicher Parameter ist die grafische Darstellung des sog. signifikanten Wetters. Dies ist grob gesagt nichts anderes als eine Niederschlagssimulation, wie man sie in anderer, grafischer Darstellung aus den Wetterberichten im Fernsehen kennt.

3.4 Prognose- und Vorhersageparameter in Wettermodellen

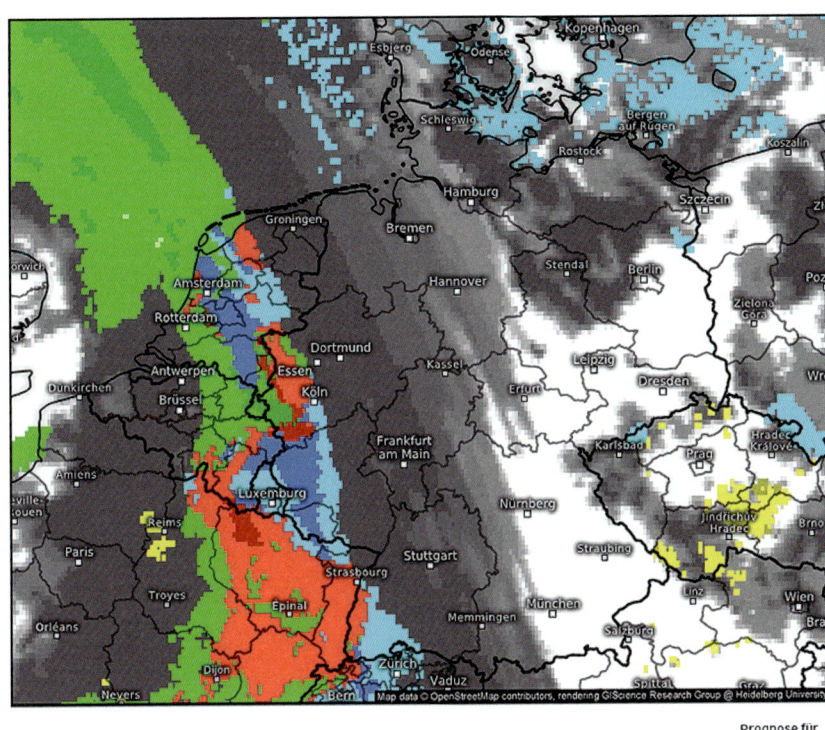

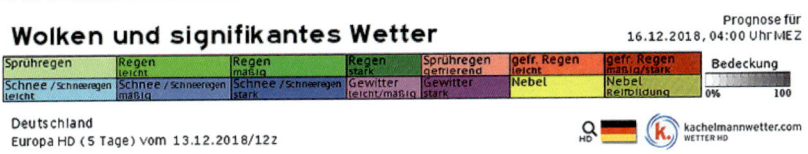

Bild 45: Beispiel einer Vorhersage des signifikanten Wetters mit einer Vielzahl von Wettererscheinungen, wie sie für Sonntag, 16.12.2018, prognostiziert wurde. Die Farbgebung gibt die Stärke des Regens (Grüntöne von hellgrün = Sprühregen bis Dunkelgrün = starker Regen), gefrierender Regen (Rottöne), Schnee (Blautöne), Gewitter (Lilatöne) und Nebel (Gelbtöne) wieder.

Je nach Wetterdienst sehen solche Niederschlagsradarprognosen oder Vorhersagekarten anders aus, die Darstellungen und auch die Inhalte variieren. In Bild 45 z. B. basiert die Kartendarstellung auf dem Europa-HD-Modell des DWD (Bezeichnung: ICON-EU). Die farblichen Kennzeichnungen sind bei den grafischen Darstellungen der unterschiedlichen Wettermodelle bei der Kachelmann-Gruppe durchweg identisch, so dass ein Modellvergleich – auch für Laien – einfach möglich und auch ebenso

3 Synoptische Meteorologie

einfach verständlich ist. Aber nicht jeder Wetterdienstleister bietet die Möglichkeit, mehrere Modelle vergleichen zu können. Hier sollte man sich Gedanken machen, mit welchem Wetterdienst bzw. Wetterdienstleister man den Weg durch die Wetterküche gehen möchte.

4 Wetterbedingte Gefahren und Schadensereignisse

Im Zusammenhang mit wetterbedingten Schadensereignissen fallen immer wieder die Begriffe »Extremwetter« und »Unwetter«. Dabei gibt es doch »nur« ein Wetter, das den aktuellen Zustand der Atmosphäre beschreibt. Logisch wäre es dann zu sagen, Extremwetter ist Wetter, das es selten gibt, da es sonst schließlich nicht extrem, sondern normal wäre.

Gewitter z. B. ist eben auch Wetter, nur etwas erregt. Gewitter gehören aber zweifellos zu den komplexesten Naturphänomenen, die nach wie vor mehr Rätsel aufgeben als bisher an Geheimnissen gelüftet sind. Gewitter ist und bleibt eine extreme Wettererscheinung. Doch die Wetterküche hat in ihrem atmosphärischen Kochtopf wesentlich mehr zu bieten, das dem Grunde nach harmlos ist, sich aber zu einem Extrem entwickeln kann. Naturgewalten insgesamt (Gewitter, Orkane, Sturmfluten) sind gleichermaßen faszinierend wie gefährlich.

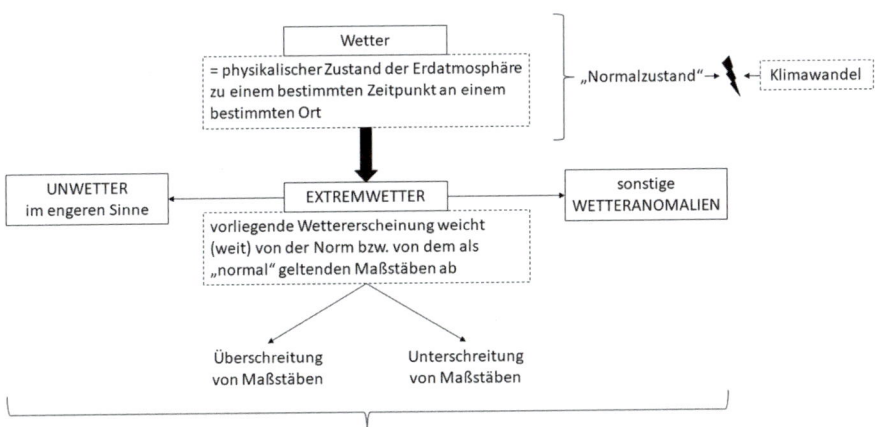

Bild 46: *Extrem- und Unwetter*

4 Wetterbedingte Gefahren und Schadensereignisse

Lokale Stürme oder Gewitter gibt es in unterschiedlicher Größe und Intensität. Gemeinsam ist allen aber eine hochreichende labile Schichtung der Atmosphäre, wodurch die sog. konvektiven (d. h. mit großen vertikalen Windgeschwindigkeiten verbundene) Wolkengebilde entstehen. Daraus entwickeln sich Starkregen, teils auch mit Hagel, Gewitter und lokal auch Sturm- oder gar Orkanböen; bei Superzellen oder »Multi-Cell-Storms« können mehrere Wettererscheinungen auch mehr oder weniger gleichzeitig entstehen.

Immer wieder durchziehende Tiefdruckgebiete sind an sich harmlos, sie bringen das typische Wettergeschehen (vgl. Bild 28 und 29). Folgt aber ein Tief auf das andere mit entsprechend ergiebigen Niederschlägen, entwickelt sich möglicherweise eine Dauerregenlage, die letztlich – je nach Dauer – zu kleineren Überflutungen oder Hochwassern führen kann.

Denken wir an den Sommer 2018: Es herrschten hochsommerliche Temperaturen, es gab nur vereinzelt Unwetterereignisse, die aber lokal begrenzt waren. Ansonsten entwickelte sich mangels Niederschlägen eine sehr lange andauernde Trockenperiode mit den hinlänglich bekannten Folgen: Wald- und Flächenbrände, Dürre, dramatische Rückgänge der Pegelstände an Flüssen und in Talsperren usw.

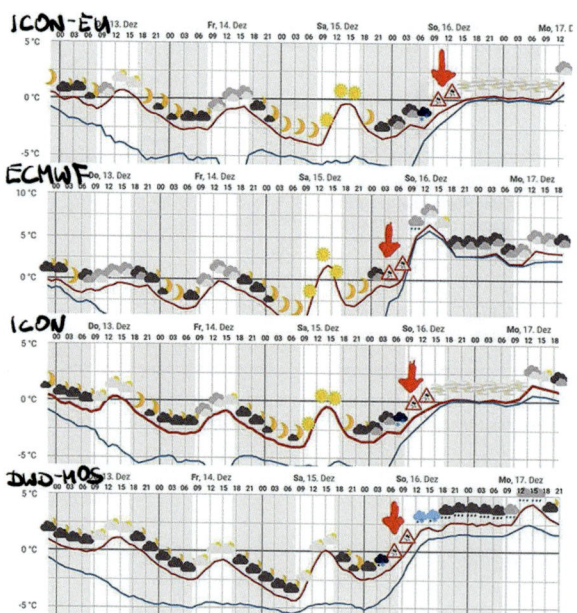

Bild 47: *Modellvergleich für eine Gefahrenlage mit gefrierendem Regen am 16.12.2018 (Darstellung hier als sog. Meteogramm; Quelle: www.kachelmann-wetter.com, bearbeitet durch Verfasser)*

4 Wetterbedingte Gefahren und Schadensereignisse

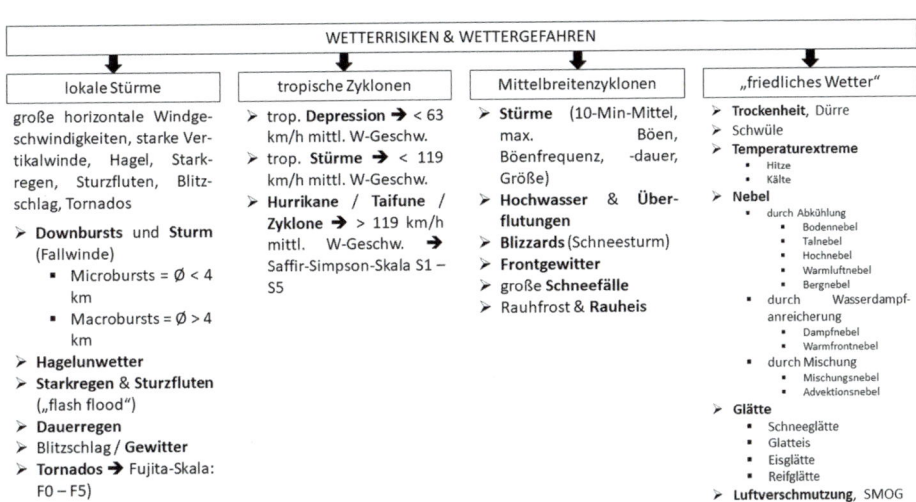

Bild 48: *Wetterrisiken*

Aus dem eigentlichen schönen Sommerwetter entwickelte sich eine Extremwetterlage, wie sie Europa nur selten erlebt hat.

Aber auch Winter kann unangenehm werden: 1978/1979 versank Norddeutschland regelrecht im Schnee (Katastrophenalarm im Winter), extreme Schneefälle im Münsterland 2005 führten ebenfalls zu Katastrophenmeldungen, Lawinen in den Alpenregionen sind regelmäßig in den Medien. Aber neben den winterlichen Katastrophenmeldungen gibt es auch die alltäglichen Wetterereignisse, die mitunter erhebliche Gefahren mit sich bringen. »Normaler Schneefall« kann schon problematisch werden, wenn der Winter so früh kommt, dass die Bäume noch unter Laub stehen; unter der Schneelast kommt es oft zu Schneebruch. Gibt es dann parallel dazu noch Wind, der noch nicht einmal Sturmstärke betragen muss, reicht die Kombination zwischen Laub, Schnee und stärkeren Böen vielfach schon aus, um Wind- und Schneebruch zu verursachen. Spannend wird es auch, wenn mildere Atlantikluft auf noch gefrorenen Boden trifft. Der aufkommende Regen ist an sich unproblematisch, wenn er nicht beim Auftreffen auf den Boden sofort gefriert. Dieser gefrierende Regen bringt für alle, Einsatzkräfte eingeschlossen, nicht zu unterschätzende Gefahren mit sich. Solche Eisregenereignisse sind zwar in aller Regel nur von

4 Wetterbedingte Gefahren und Schadensereignisse

kurzer Dauer, da sich die wärmere Luft durchsetzt und Tau einsetzt, aber auch die kurze Zeit reicht aus, um für erhebliche Gefahren zu sorgen.

In Bild 48 sind die wesentlichen Wetterrisiken auflistet, die es weltweit gibt. Die tropischen Zyklonen sind aber für die mitteleuropäischen Gefahrenabwehrbehörden wenig von Bedeutung und sollen auch im Weiteren nicht weiter thematisiert werden.

Ausgehend von den Wettererscheinungen und den damit unmittelbar verbundenen Wetterrisiken und Wettergefahren haben die verschiedenen Wetterdienste entsprechend Warnschwellen und Warnkriterien festgelegt, auf deren Grundlage entsprechend Warnmaßnahmen getroffen werden. Der DWD z. B. unterscheidet zwischen Warnkriterien unterhalb der Unwetterschwelle und Unwetterwarnkriterien.

Tabelle 10: *Warnkriterien des DWD unterhalb der Unwetterschwelle*

Meteorologische Erscheinung	Schwellenwert	Bezeichnung
Windböen in 10 m Höhe über offenem, freiem Gelände Böenwarnung in exponierten Gipfellagen nach Einzelfallentscheidung	>50 km/h (7 Bft) 65 bis 85 km/h (8 – 9 Bft) 90 bis 100 km/h (10 Bft)	Windböen Sturmböen Schwere Sturmböen
Gewitter Starkes Gewitter	Elektrische Entladung, auch in Verbindung mit Windböen In Verbindung mit Sturmböen, schweren Sturmböen, Starkregen oder Hagel	Gewitter
Starkregen	10 bis 25 l/m² in 1 Stunde 20 bis 35 l/m² in 6 Stunden	Starkregen
Dauerregen	25 bis 40 l/m² in 12 Stunden 30 bis 50 l/m² in 24 Stunden 40 bis 60 l/m² in 48 Stunden	Dauerregen
Leichter Schneefall in Lagen über 800 m: Einzelfallentscheidung	Bis 5 cm in 6 Stunden Bis 10 cm in 12 Stunden	Schneefall
Schneefall in Lager über 800 m: Einzelfallentscheidung	5 bis 10 cm in 6 Stunden 10 bis 15 cm in 12 Stunden Über 800 m: bis 30 cm in 12 Stunden	

4 Wetterbedingte Gefahren und Schadensereignisse

Tabelle 10: *Warnkriterien des DWD unterhalb der Unwetterschwelle – Fortsetzung*

Meteorologische Erscheinung	Schwellenwert	Bezeichnung
Schneeverwehung in Lagen über 800 m: Einzelfallentscheidung	Neuschnee oder lockere Schneedecke 5 bis 10 cm und wiederholt Böen 6 oder 7 Bft	Schneeverwehung
Glätte	Durch Reifablagerungen Vorhandene Schneedecke Überfrierende Nässe	Glätte
Örtlich Glatteis	Kurzzeitig oder kleinräumig durch gefrierenden Regen oder Sprühregen	
Nebel	Überörtlich Sichtweite unter 150 m	Nebel
Frost	Verbreitet oder anhaltend Lufttemperatur unter dem Gefrierpunkt vom 1.4. bis 31.10. jeden Jahres in Lagen bis 800 m	Frost
	Überörtlich oder anhaltend Lufttemperatur < -10 Grad in Lagen bis 800 m	Strenger Frost

Tabelle 11: *Unwetterwarnkriterien des DWD*

Meteorologische Erscheinung	Schwellenwert	Bezeichnung	mit Zusatztext
Windböen in 10 m Höhe über offenem, freiem Gelände	105 bis 115 km/h (11 Bft)	Orkanartige Böen	
Böenunwetterwarnung in exponierten Gipfellagen nach Einzelfallentscheidung	ab 120 km/h (12 Bft)	Orkanböen	überörtlich mehr als 140 km/h

4 Wetterbedingte Gefahren und Schadensereignisse

Tabelle 11: *Unwetterwarnkriterien des DWD – Fortsetzung*

Meteorologische Erscheinung	Schwellenwert	Bezeichnung	mit Zusatztext
sehr starkes konvektives Ereignis Gewitter mit Hagelschlag, heftigem Starkregen oder orkan(artigen) Böen	Es genügt, wenn eine der begleitenden Wettererscheinungen ihr Unwetterkriterium erfüllt Bei Hagel mit einem Durchmesser der Hagelkörner größer 1,5 cm	Schweres Gewitter	
Starkregen	>25 l/m² in 1 Stunde >35 l/m² in 6 Stunden	Heftiger Starkregen	
Dauerregen	>40 l/m² in 12 Stunden >50 l/m² in 24 Stunden >60 l/m² in 48 Stunden	Ergiebiger Dauerregen	Verbreitet >70 l/m² in 12 Stunden >80 l/m² in 24 Stunden >90 l/m² in 48 Stunden
Schneefall in Lagen über 800 m: Einzelfallentscheidung	5 bis 10 cm in 6 Stunden 10 bis 15 cm in 12 Stunden Über 800 m >30 cm in 12 Stunden	Starker Schneefall	Verbreitet >25 cm in 12 Stunden über 800 m verbreitet >50 cm in 12 Stunden
Schneeverwehungen	Neuschnee oder lockere Schneedecke >10 cm und wiederholt Böen ab 8 Bft	Starke Schneeverwehungen	
Glatteis	Verbreitet Glatteisbildung am Boden oder an Gegenständen	Glatteis	

Tabelle 11: *Unwetterwarnkriterien des DWD – Fortsetzung*

Meteorologische Erscheinung	Schwellenwert	Bezeichnung	mit Zusatztext
Tauwetter	Mit Dauerregen bei einer vorhandenen Schneedecke (> 15 cm)	Starkes Tauwetter	

5 Auswirkungen des Klimawandels auf das Einsatzgeschehen

Immer häufiger geraten spezielle oder extreme Wetterereignisse in die Schlagzeilen und man fragt sich, ob die globale Klimaerwärmung schuld daran ist. Während lange Zeit der Klimawandel an sich und der Klimaschutz im Blickpunkt des Interesses standen, gewinnt mittlerweile der Aspekt der Anpassung an die regionalen Folgen des Klimawandels zunehmend an Diskussionsrelevanz. Es gilt: Das Unbeherrschbare vermeiden (Klimaschutz) und zugleich das Unvermeidbare beherrschen lernen (Klimaanpassung).

Das Klima unseres Planeten hat sich im Laufe seiner Geschichte immer wieder verändert; die Begriffe »Eiszeit« und »Warmzeit« kennt wohl jeder aus dem Schulunterricht. Diese Klimaveränderungen vollzogen sich aber in der Regel langsam, so dass das Erdsystem (siehe auch Bild 49a) Zeit hatte, sich anzupassen. Die derzeitigen Veränderungen vollziehen sich aber – im Vergleich zum extremen Alter unseres Planeten – rasend schnell; allein der Anstieg der globalen Mitteltemperatur ist beeindruckend. Bemerkenswert ist auch, dass die gegenwärtige Entwicklung nicht alleine natürlichen Ursprungs ist. Über viele Jahrtausende hinweg war der Mensch der Natur und vor allem den Naturgewalten ausgesetzt; nunmehr (im Wesentlichen seit Beginn der Industrialisierung) ist der Mensch selbst zur »Naturgewalt« geworden, der geologische, geophysikalische und letztlich auch klimatologische sowie meteorologische Prozesse beeinflusst hat. »Der Mensch hat unwissentlich ein ungeheures (…) Experiment in Gang gesetzt« (Ruschkowski 2018).

2018 war ein durchaus denkwürdiger Sommer: Dürren, Hitzewellen, Waldbrände und Überschwemmungen haben die nördliche Hemisphäre (Nordhalbkugel) in einen gewissen Alarmzustand versetzt (vgl. auch DWD 2018). In den unterschiedlichsten Medien wurde (immer etwas anders formuliert, im Großen und Ganzen aber mit ähnlicher Intension) thematisiert, dass derart »zerstörerische und langanhaltende Wetterextreme (…) häufiger auftreten werden« und dass wir »die Auswirkungen des Klimawandels live auf unseren Fernsehbildschirmen und in den Schlagzeilen verfolgen« können (Leahy 2018).

Fakt ist: Die atmosphärischen, von Westen nach Osten verlaufenden Jetstreams speisen ihre Energie aus den Temperaturunterschieden und damit einhergehend den Druckdifferenzen zwischen der Polarluft im Norden und der tropischen Luftmassen in Richtung Äquator (vgl. Kap. 2). Die Polarregionen erwärmen sich aber stärker und es kommt zum Abschmelzen der Eiskappen, wodurch sich die Temperaturunterschiede

5 Auswirkungen des Klimawandels auf das Einsatzgeschehen

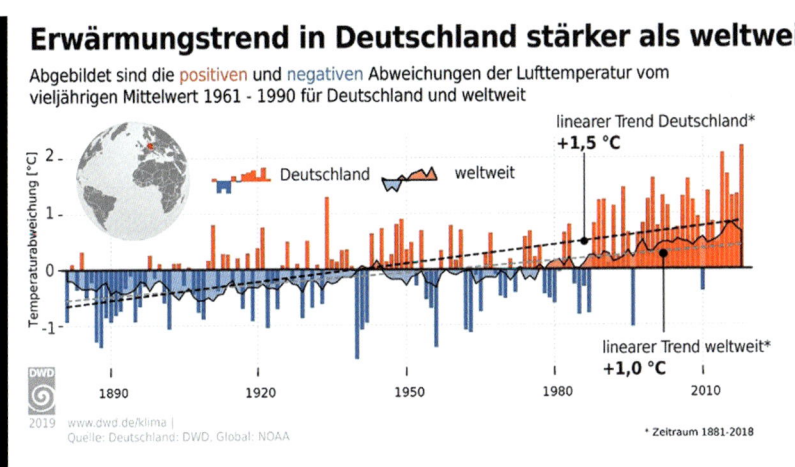

Bild 49 a: Abweichungen der globalen Lufttemperatur seit 1881 (Quelle: Klima-Pressekonferenz des DWD v. 26.03.2019)

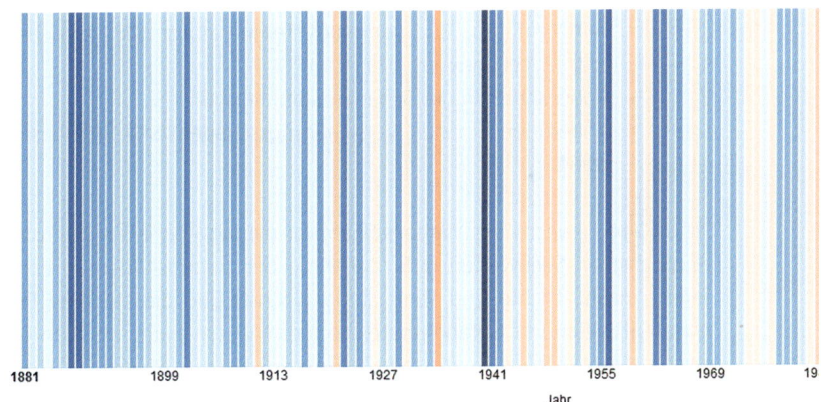

Bild 49 b: Abweichungen der globalen Lufttemperatur (Flächen, Quelle: NOAA) im Vergleich zum Flächenmittel von Deutschland (Balken). Die gestrichelten Geraden zeigen den linearen Trend im Gesamtzeitraum.
Temperaturstreifen nach einer Idee von Ed Hawkins. Die Farbskala reicht von 6.6 °C in 1940 (dunkelblau) bis 10.5 °C in 2018 (dunkelrot)
Datenquelle: Deutscher Wetterdienst DWD, Climate Data Center (CDC) letztes Update: 14 Feb 2019 19:04
Alternative, graphische Darstellung der Temperaturabweichungen seit 1881 (Quelle: https://www.energy-charts.de/climate_y_avg_de.htm?source=air¬Temp_bar&climateState=de&climateStripes=1)

verringern, der Jetstream an Energie verliert und langsamer wird. Wie bereits in Kapitel 2.3.4.5 beschrieben, beginnt ein langsamer Jetstream zu mäandrieren. Tief- und Hochdruckgebiete können dann (sehr) lange Zeit fast auf der Stelle verharren. Dadurch würden extreme Wetterereignisse (Hochwasser, Sturzfluten bei stationären Tiefs bzw. Dürreperioden, Waldbrände etc. bei stabilen Hochs) ausgelöst werden. Darüber hinaus erwärmt sich aufgrund der starken Treibhausgasemissionen die Atmosphäre, und warme Luft kann – wie bereits erwähnt – wesentlich mehr Wasserdampf aufnehmen, und es kann in Folge zu extremeren und stärkeren Niederschlägen kommen.

Fakt ist aber auch, dass es bislang nicht ausreichend Langzeitdaten gibt, die eine solche signifikante Zunahme an Extrem- und Unwetterereignissen belegen und auf die Klimaerwärmung zurückführen lassen. Derartige Auswirkungen sind mit den aktuell vorliegenden Messreihen nicht zu beweisen. Der Eindruck entsteht aber und der Verdacht wird größer.

Vielfach werden auch die Schadensmenge und Schadenssumme als Beleg angeführt. Dies ist aber vor dem Hintergrund eher kritisch zu betrachten. Man muss hier unterscheiden zwischen

- grundlegenden Veränderungen in der Atmosphäre (Anstieg der mittleren Temperaturen, Rückgang des Temperaturgefälles zwischen Polarzone und Tropenzone etc.),
- Änderungen in der Schadenssumme und
- Änderungen in den Versicherungsschäden bzw. im Versicherungsaufwand.

Die stetige Zuwachs der Weltbevölkerung, die sehr hohe Vermehrung von hochempfindlichen Sachwerten (z. B. Zunahme der Hagelschäden an Fahrzeugen, da deren Anzahl, Dichte und Wert stetig wächst) und die ständige Expansion der Wirtschaftsräume in Gefahrenbereiche (der Mensch baut, wo man es sich früher nicht getraut hat, z. B. in Überschwemmungsgebieten oder in Lawinen- oder Murenabgängen gefährdeten Gebieten) wird zwangsläufig in Zukunft zu einer Zunahme der Sach- und ggf. auch Personenschäden führen. Der Mensch schafft selbst das wachsende Schadenpotential und eben nicht die seit jeher bekannten Naturvorgänge und Wettererscheinungen.

Es gilt zwar noch, »dass es keine Beweise dafür gibt, dass die extremen Wetterereignisse oder die Variabilität des Klimas global betrachtet im 20. Jahrhundert zugenommen hätten« (Kraus/Ebel 2003, m. w. N.). Es finden sich aber durchaus deutliche Hinweise auf regionale Änderungen mit Extremen und Schwan-

5 Auswirkungen des Klimawandels auf das Einsatzgeschehen

kungen, die jedoch eingeschränkt zu betrachten sind. Folgende Punkte lassen sich festhalten:
- keine schlüssigen Beweise für Änderungen bei den Mittelbreitenzyklonen
- keine Beweise für die signifikante Zunahme von Tornados, Gewittern, Hagelereignissen und Staubstürmen
- signifikante Trends bei der Intensität und Häufigkeit tropischer und extratropischer Stürme, obgleich diese deutliche Schwankungen innerhalb einzelner Dekaden zeigen (globale Zunahme von Tropenstürmen mit maximalen Windgeschwindigkeiten ab 175 km/h)
- Zunahme intensiver Niederschlagsereignisse mittlerer und höherer Breiten möglich (Niederschlagsereignisse sind aber räumlich und zeitlich sehr heterogen)
- erkennbare Zunahme von Hitzeextremen

Es ist schwierig, Trends bei extremen Wettererscheinungen zu entdecken und nachzuweisen. Gründe hierfür sind die (noch) geringe Häufigkeit (wenngleich manches – subjektiv – öfter geschehen ist), die großen regionalen Unterschiede und die sehr variablen Erscheinungsformen der Wettersysteme in Verbindung mit der (trotz Networking, Internet etc.) noch zu geringe Anzahl an verifizierbaren Beobachtungen. Der Nachweis von Trends oder signifikanten Veränderungen bei extremen Wettererscheinungen wird durch unvollständige, fehlende und auch durch nicht passende Daten erschwert. Andererseits geht nach einer längeren Zeit ohne Extremereignisse mit dem Wissen um deren Gefahren auch die Fähigkeit und Bereitschaft, sich ihnen anzupassen, verloren.

Es gibt Zusammenhänge zwischen Klimawandel und Wetterextremen, weil es eben auch Zusammenhänge zwischen Klima und Wetter gibt. Es gilt als sicher, dass die menschengemachte globale Erwärmung zu mehr Hitzewellen, und wahrscheinlich auch zu mehr Extremregen sowie einer Zunahme der Anzahl und Intensität von Tropenstürmen führt, auch Dürren und Trockenperioden werden wohl häufiger werden, was letztlich auch zu mehr und heftigeren Vegetationsbränden führt.

Das Klimasystem ist so komplex und umfasst einige, ebenfalls in sich komplexe Subsysteme, dass es insgesamt schwierig ist, mit den aktuell vorliegenden Daten verbindliche Aussagen zu treffen. Eines ist aber klar, dass auch auf die Gefahrenabwehrbehörden in Zukunft mehr Arbeit zukommen wird.

Obwohl es schwierig auszumachen ist, ob einzelne Extrem- oder Unwetter der letzten Jahre unzweifelhaft vom Klimawandel ausgelöst wurden oder in Zukunft ausgelöst werden, ist es einleuchtend, dass die Erderwärmung die Wahrscheinlichkeit extremer Wetterereignisse und Unwetterereignisse erhöht (hat). Ebenso wahrschein-

5 Auswirkungen des Klimawandels auf das Einsatzgeschehen

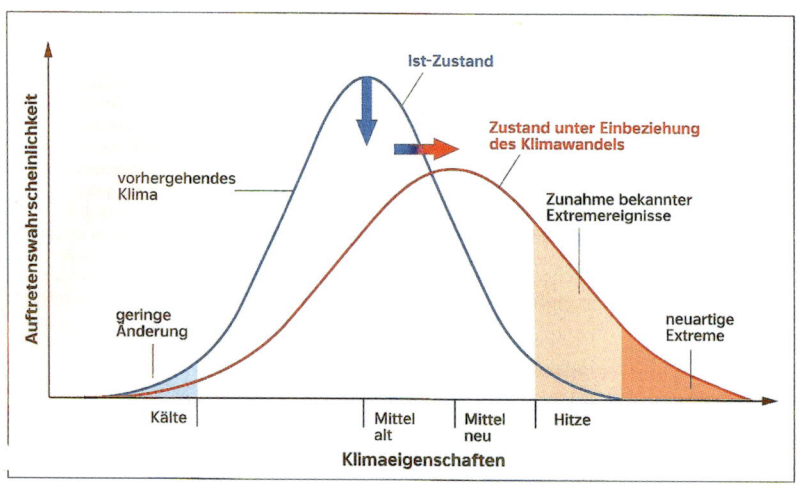

Bild 50: *Verschiebung der Klimaeigenschaften (vereinfachte Darstellung)*

lich ist es, dass der Klimawandel die Variabilität einzelner Wetterereignisse verstärkt. Wir müssen uns auf extremeres Wetter einstellen. Obwohl Rekordwetterereignisse im Sinne von Extrem- oder Unwettern eher zufällig passieren, besagen die physikalischen Gesetze, dass sich Extreme eher verstärken werden (vgl. Lehmann u. a. 2018).

Der Mensch hat mit sehr großer Wahrscheinlichkeit einen Prozess angestoßen, dessen Dynamik sich verstärkt, der Rest ist Physik (z. B. die messbare Verlangsamung des Golfstromsystems, das Abtauen der Eiskappen an den Polen, das Auftauen des Permafrostbodens in Sibirien). Der sog. »point of no return« ist wohl überschritten, es gibt vermutlich keinen natürlichen Mechanismus zur (Re-)Stabilisierung des Klimasystems.

Die klimabedingten Risiken sind bei einer globalen Erwärmung um 1,5 °C (bis 2030) höher als heute; die Risiken selbst aber hängen vom Ausmaß und der Geschwindigkeit der Erderwärmung, der geografischen Lage, dem Entwicklungsstand im jeweiligen Bereich und der sog. Vulnerabilität (Verwundbarkeit) des Bereichs ab (vgl. IPCC 2018, IPCC 2012). Auch der Weltklimagipfel im Dezember 2018 in Polen brachte hier keine anderslautenden Erkenntnisse: Extreme Wetterereignisse werden wohl häufiger in Erscheinung treten.

Aber: Klimawandel ist für den Anstieg der Schäden an Infrastrukturen sowie am Anstieg an Betroffenen und an Opfern nicht allein verantwortlich; weltweit – aber

5 Auswirkungen des Klimawandels auf das Einsatzgeschehen

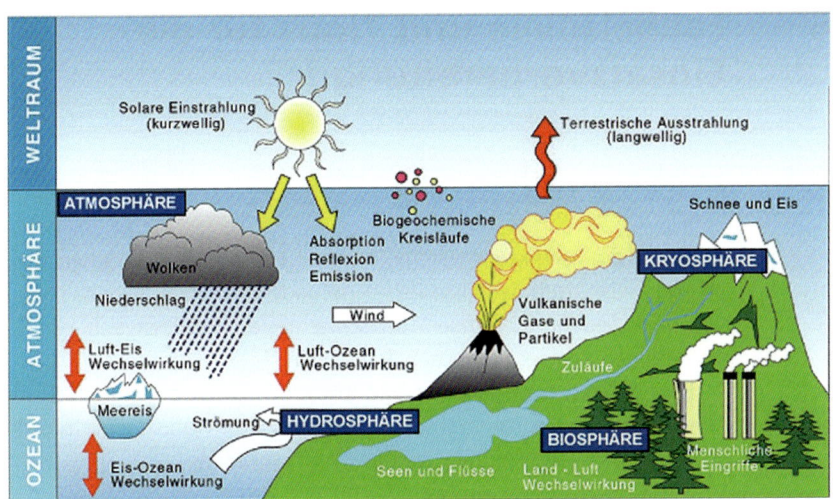

Bild 51: *Das Klimasystem der Erde (Quelle: Bildungsserver Hamburg)*

auch lokal – leben mehr Menschen als zuvor in Risikogebieten und ihr Eigentum ist vielfach (v. a. in Industriestaaten) im Wert gestiegen (z. B. zunehmende Bebauung in ehemaligen Überschwemmungsgebieten oder in Lawinen gefährdeten Zonen). Eine Lektion müssen wir wohl lernen: Nicht alles wird zukünftig zu schützen sein! Diese Tatsache muss auch den Gefahrenabwehrbehörden klar sein. Wenn die Extremereignisse zunehmen, kommen zwangsläufig auch die Hilfsorganisationen bei aller guten Vorbereitung, Planung und Ausrüstung an ihre Grenzen (technisch wie personell).

6 Fallbeispiele und Tipps für die Einsatzvorbereitung

6.1 Ein konvektives Gewitter

Gewitter kommen nie aus heiterem Himmel. Ihre nicht zu übersehenden und v. a. zu überhörenden Vorboten lassen einer gesunden Person im Regelfall genügend Zeit, sich in Sicherheit zu bringen. Im schlechtesten Fall lässt sich ein Gewitter ca. 1–2 Stunden in einer Prognose voraussagen.

Bei größeren Gewitterlagen und lokalen Stürmen treffen jedoch mehrere Gefahren aufeinander, die solche potentielle Einsätze wahrscheinlich machen:
- große horizontale Windgeschwindigkeiten
- starke Vertikalwinde auf engstem Raum
- Hagel
- Starkregen
- Blitzschlag
- schlimmstenfalls Tornados

Tritt ein Gewitter dann in sog. MCCs (»Multi Cloud Cluster«) gebündelt in sog. Cloud Clustern, Fronten oder Squall Lines auf, dann vergrößert sich das Risikogebiet erheblich. Dies führt für die Gefahrenabwehr zu einer Vielzahl von lokalen (Einsatz-)Schwerpunkten. Ein Fallbeispiel hierzu folgt in Kap. 6.2!

Der Unwetterparameter »CAPE« zeigt die verfügbare konvektive potentielle Energie. CAPE bedeutet »convective available potential energy«, übersetzt »konvektiv verfügbare potentielle Energie«. Einfach gesagt, handelt es sich bei diesem Parameter um die Energie, die einem möglichen Gewitter zur Verfügung steht. Hohe Werte deuten auf starke Gewitter und Unwetter hin, allerdings können in Ausnahmefällen auch bei niedrigen Werten, wenn andere Faktoren stimmen, starke Gewitter auftreten. CAPE alleine ist allerdings keine Garantie für Gewitter. Lediglich die Energie, die bei auftretenden möglichen Gewittern zur Verfügung steht, kann abgeschätzt werden. Wird in einer Modellrechnung Niederschlag und viel CAPE berechnet, ist die Wahrscheinlichkeit für starke Gewitter und Unwetter deutlich erhöht.

Wieso ist die Vorhersage von konvektiven Gewitterereignissen schwierig? Die Wetterküche beinhaltet eine Vielzahl von Zutaten, die Atmosphäre ist der Kochtopf, und damit beginnt das Problem:

6.1 Ein konvektives Gewitter

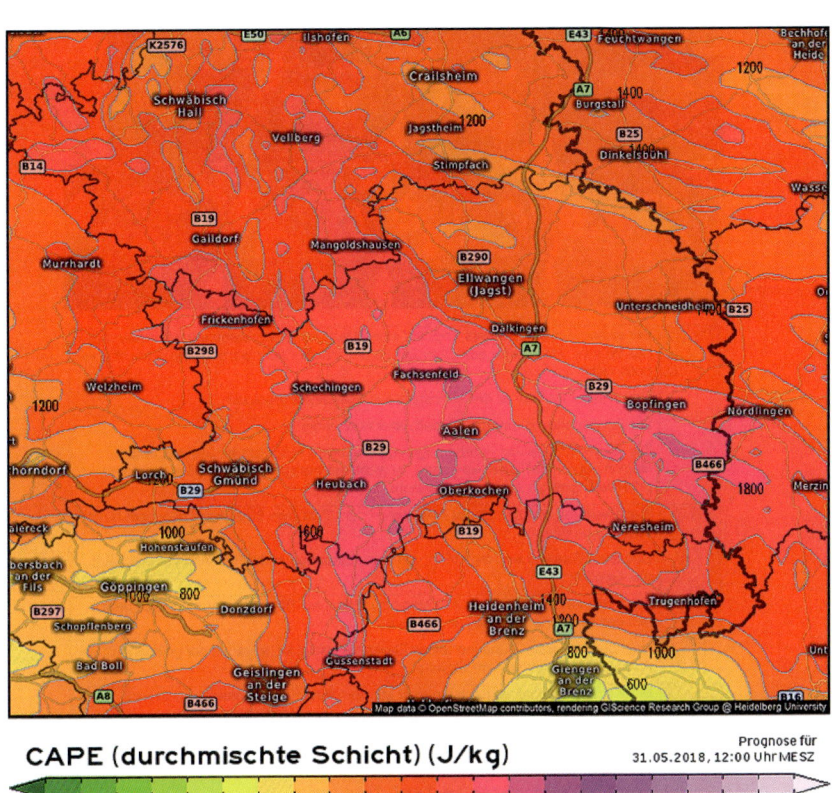

Bild 52: Die am 31.05.2018/12 Uhr potentiell zur Verfügung stehende Energie im Bereich der Stadt Aalen, Ostalbkreis/Baden-Württemberg, (Rechenlauf des SuperHD v. 31.05.2018/00 Uhr)

Stellen Sie sich vor: Sie wissen, dass das Wasser »geladen« ist (Bild 53 (1)), und Sie werden gefragt, wo die erste Wasserdampfblase genau aufsteigt. Sie können es nicht sagen, sie müssten raten. Sie wissen aber spätestens dann, wenn die ersten Dampfblasen da sind, dass es richtig losgeht.

Dieses Problem haben auch Meteorologen in solchen Situationen: Sie wissen, wo die idealen Voraussetzungen für Gewitter vorhanden sind, sie können aber nicht punkt- oder ortsgenau sagen, wo sich das erste konvektive Gewitter bildet. Diese

6 Fallbeispiele und Tipps für die Einsatzvorbereitung

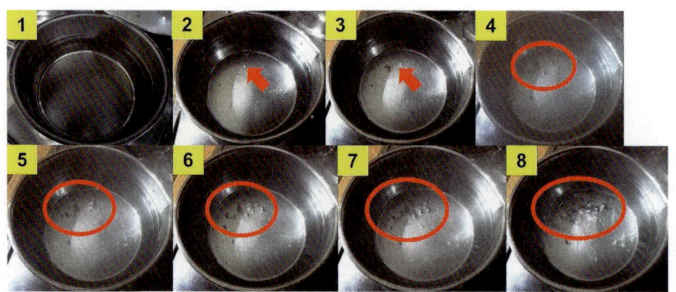

(1)	Wir stellen Wasser in einem Topf auf einen Herd, schalten diesen ein und erwärmen das Wasser. Nach einer gewissen Zeit ist das Wasser sehr warm bis heiß, kocht aber noch nicht.
	Das Wasser im Topf ist die Atmosphäre in irgendeiner Region.
	Die Atmosphäre ist energiegeladen, aber noch ruhig.
	Die Wettermodelle und -vorhersagen gehen davon aus, dass es Gewitter in der Region geben wird. Aber wo genau, ist nicht vorhersagbar, da überall ausreichend potentielle Energie zur Verfügung steht.
(2)	Nach weiteren Minuten ploppt irgendwo in dem Topf eine Blase hoch, langsam fängt es an zu brodeln.
	Das erste Gewitter wird registriert, auf dem Radar und in der Blitz-Analyse erscheint das Gewitter.
(3 – 7)	Jetzt geht es dann Schlag auf Schlag bzw. Blase auf Blase: Immer mehr Bläschen ploppen auf, es fängt richtig an zu brodeln.
	Nachdem die erste „Zündung" eines Gewitters erfolgt ist, folgen in der geladenen Atmosphäre immer weitere Gewitter.
(8)	In einer Ecke brodelt es nach ein paar Minuten richtig, das Wasser ist jetzt heiß.
	Die Energie wird jetzt abgerufen, ein Gewittercluster hat sich gebildet.

Bild 53: *Die Atmosphäre im Topf*

können kurzfristig auftauchen, sich »entladen« und dann wieder verschwinden, währenddessen entstehen andernorts die nächsten Gewitter usw.

Bei solchen Wetterereignissen ist es aber trotzdem sinnvoll, die Wettermodelle anzuschauen und zu vergleichen, vor allem aber zeitnah das Radar, das Stormtracking oder die Blitz-Analyse zu verfolgen.

6.2 Das Sturmtief »Fabienne« am 23.09.2018

Aus einem Tief, das am Südrand eines sog. steuernden Nordmeertiefs über dem Ärmelkanal lag, entwickelte sich im Laufe des 23.09.2018 über der Mitte von Deutschland ein eigenständiges Sturmtief. Dieses Randtief »Fabienne« zog im Laufe des Sonntags vom Ärmelkanal über die Mitte Deutschlands, wo es sich im Verlauf zu einem Sturmtief verstärkte. In der Nacht zum 24.09.2018 zog »Fabienne« weiter nach Tschechien und Polen.

Die Kaltfront des Tiefs überquerte am Nachmittag und Abend etwa die Südhälfte Deutschlands, wo zuvor nochmals im Tagesverlauf subtropische Warmluft herangeweht wurde. Mit einer markant und sehr deutlich ausgeprägten Kaltfront kamen auch heftige Windböen, oftmals auch mit Gewittern durchsetzt, nach Deutschland, örtlich wurden auch Orkanböen gemessen.

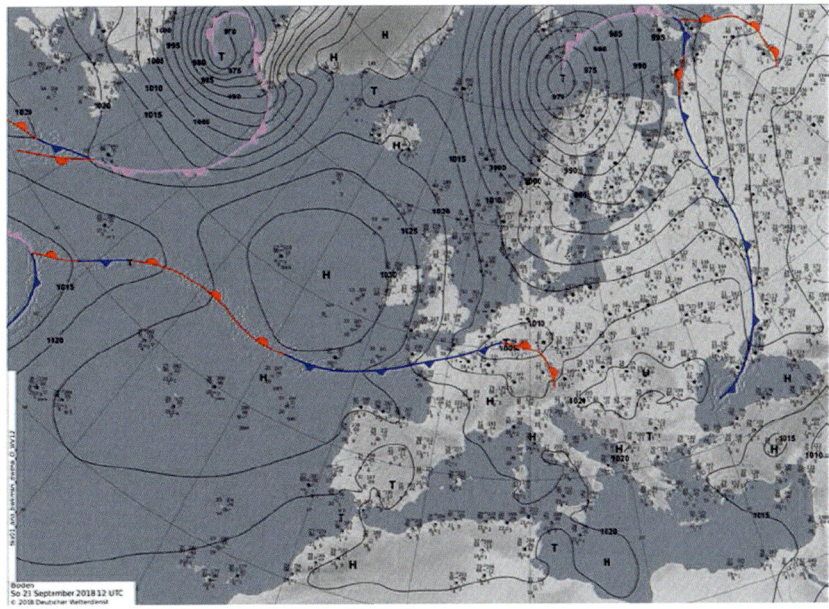

Bild 54: *Bodenanalyse v. 23.09.2018, 14 Uhr (Quelle: DWD)*

6 Fallbeispiele und Tipps für die Einsatzvorbereitung

Rechenläufe v. 21.09.2018:

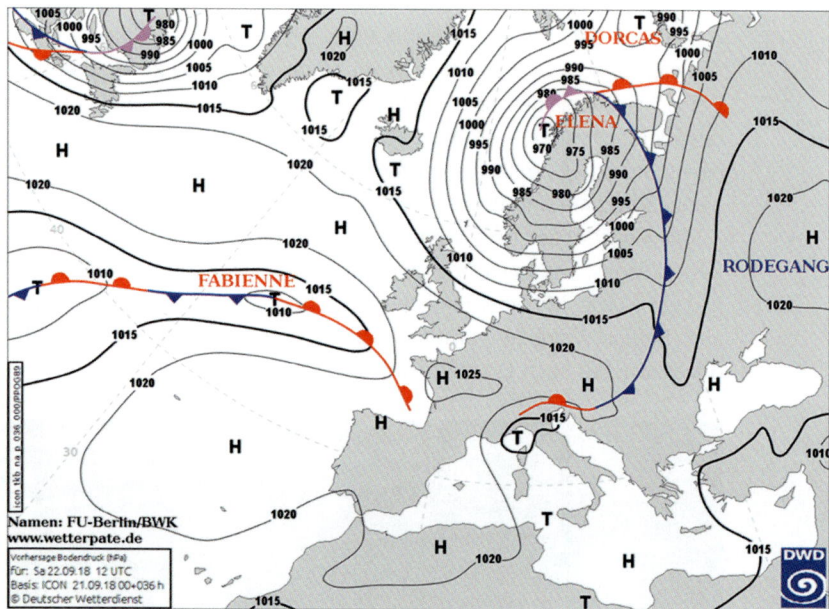

Bild 55: *Vorhersage des Bodendrucks für den 22.09.2018, 12 Uhr → Tief »Fabienne« bildet sich auf dem Atlantik westlich von Irland (Quelle: www.wetterpate.de, auf Basis des ICON-Wettermodells des DWD)*

Bereits zwei Tage vor dem Ereignis rechneten erste Modelle sehr detailliert bis Sonntagabend. Da das Sturmtief zu diesem Zeitpunkt noch nicht entwickelt war, konnte die Berechnung z. B. des hochaufgelösten SuperHD-Modells zwar die Zugbahn sowie u. a. auch eine Radarsimulation gut berechnen, lediglich das Timing war noch fraglich und wurde auch im Laufe der nachfolgenden Berechnungen konkretisiert. Klar war jedoch schon zu diesem Zeitpunkt, dass sich wohl eine gefährliche Sturmlage entwickeln würde.

Die gute, weil detaillierte und hoch aufgelöste, Berechnung zwei Tage vor dem Ereignis wird auch hinsichtlich des Parameters »signifikantes Wetter« im Vergleich mit den Radaraufzeichnungen deutlich. Es war also bereits am 21.09.2018 sicher, dass eine markante Kaltfront, teils mit Gewittern, auf die Südhälfte Deutschlands zukommen sollte. Im weiteren Verlauf und nach aktualisierten Rechenläufen konkretisierte sich auch die Stärke des Tiefs.

6.2 Das Sturmtief »Fabienne« am 23.09.2018

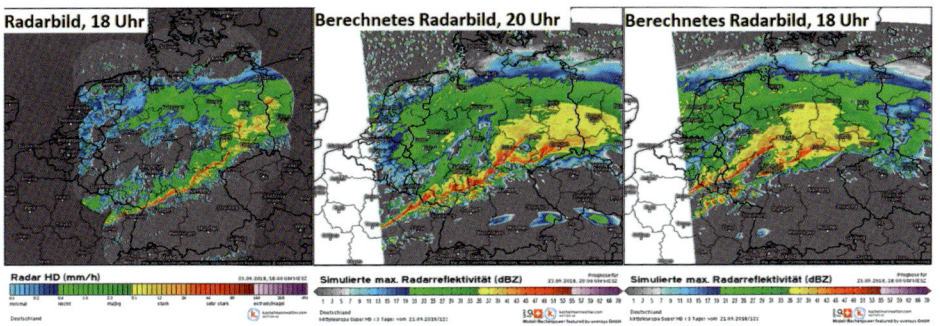

Bild 56: Beispiel von zwei Rechenläufen des SuperHD-Modells (Lauf v. 21.09.2018/12 Uhr) im direkten Vergleich des tatsächlichen Radarbildes v. 23.09.2018 (Quelle: www.kachelmannwetter.com). Starke bis sehr starke Sturmregionen sind gelb bzw. rot markiert.

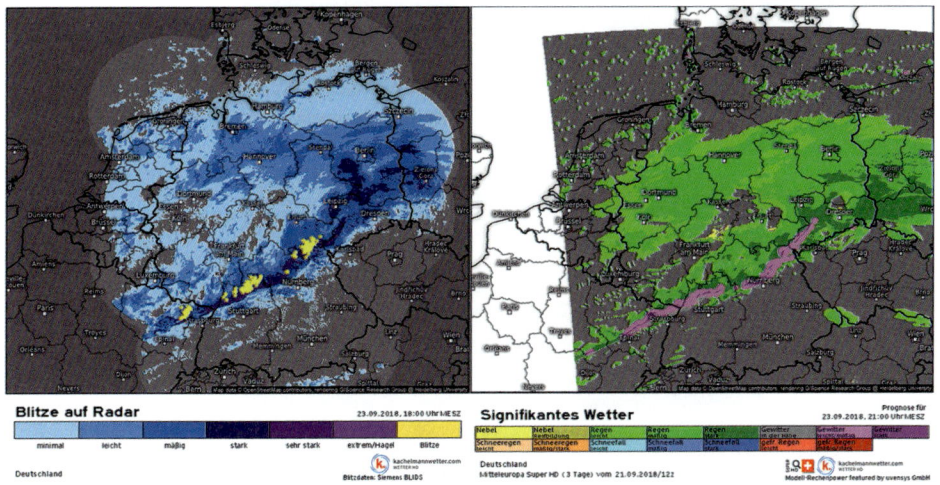

Bild 57: Prognose des signifikanten Wetters für den 23.09.2018, 21 Uhr (im Rechenlauf des SuperHD v. 21.09.2018, 12 Uhr – Bild rechts) mit der tatsächlichen Radaraufzeichnung (Bild links) (Quelle: www.kachelmannwetter.com)

Rechenläufe v. 22.09.2018:

Einen Tag vor dem Ereignis wurden die Berechnungen detaillierter und auch hinsichtlich des zeitlichen Ablaufs konkreter. Der Vergleich der Radarsimulation des SuperHD-Modells v. 22.09.2018/12 Uhr mit den tatsächlichen Radaraufzeichnungen v. 23.09.2018 (16, 18 und 20 Uhr) als Verifikation zeigt erneut, wie genau

6 Fallbeispiele und Tipps für die Einsatzvorbereitung

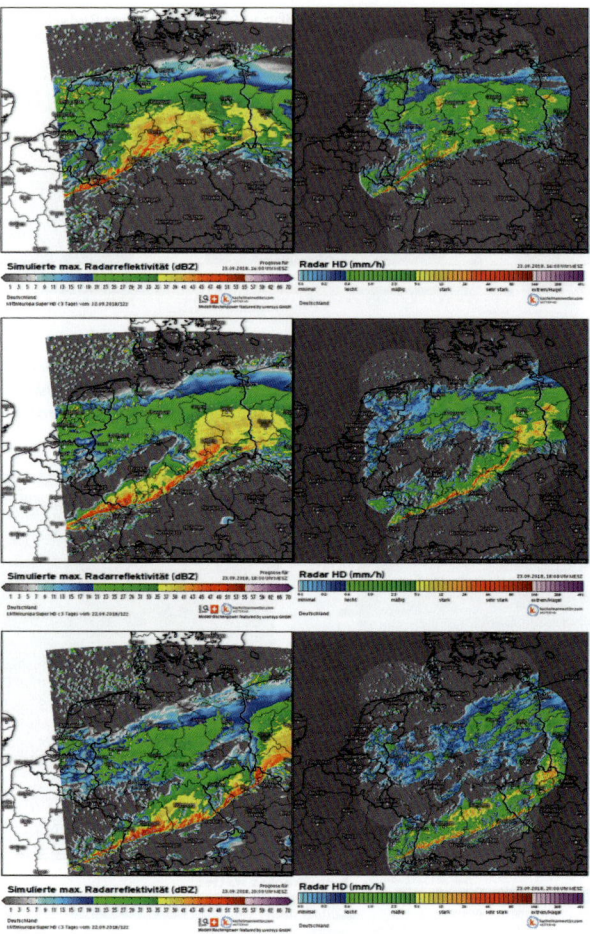

Bild 58: *Vergleich Radarsimulation des SuperHD-Modells für den 23.09.2018, 16/18/20 Uhr (Modelllauf v. 22.09.2018, 12 Uhr – Bilder links) mit den Radaraufzeichnungen v. 23.09.2018 (Bilder rechts)*

kurzfristige Wettervorhersagen mit entsprechend hoch aufgelösten Modellen zwischenzeitlich sind.

Erwähnenswert ist auch die Berechnung der Temperaturverläufe bzw. der Temperaturentwicklung für den 23.09.2018. In der Prognose wurde die sich im Tagesverlauf des 23.09. bildende Luftmassengrenze bereits sehr deutlich berechnet. Im Vergleich mit den tatsächlichen Messwerten konnte der Rechenlauf auch verifiziert werden.

6.2 Das Sturmtief »Fabienne« am 23.09.2018

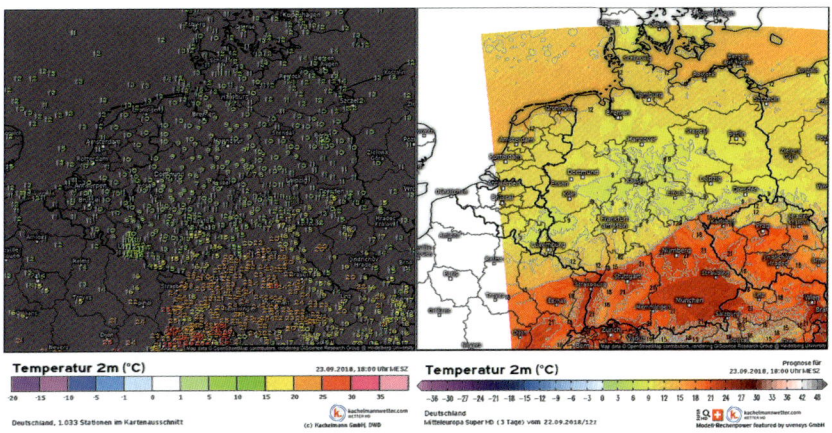

Bild 59: *Vergleich der Temperaturprognose (rechts) mit den tatsächlichen Messwerten (links)*

Im Verlauf des 22.09.2018 konkretisierte sich die Zugbahn von »Fabienne«, weil sich auch über dem Atlantik, südwestlich von Großbritannien, bereits ein kleines Randtief (sog. »Schnellläufer«) zu bilden begann; im weiteren Verlauf fiel der Luftdruck, und das wetterwirksame Tief machte sich auf den Weg in Richtung Mitte Deutschlands. Der Rechenlauf vom 22.09.2018, 0 Uhr, sah das Tief ziemlich genau über der Mitte Deutschlands.

Dieses kleine Tief war schließlich für den Sturm und den Regen in den südlichen Landesteilen entscheidend. Die Zugbahn des Tiefs ab seiner Entstehung bis zur Wetterwirksamkeit wurde von den maßgebenden Wettermodellen durchweg ähnlich berechnet. An der Südseite des Tiefs zog dann auch die Kaltfront durch, die die stärksten Windböen ausgelöst hat. Mit der Kaltfront kamen auch lokal Gewitter (die eine starke Durchmischung der Luftschichten ermöglichte). Mit den Modellläufen am 22.09.2018 wurden auch die maximalen Windböen immer genauer berechnet, so dass spätestens am Tag zuvor die Gefahrenlage mehr oder weniger klar war. Problematisch war die Tatsache, dass die Bäume noch voll belaubt waren und damit ideale Angriffsflächen für die Sturmböen bilden konnten. Zudem war bei den hohen Windgeschwindigkeiten (> 80 km/h) auch vereinzelt mit Schäden an Gebäuden etc. zu rechnen. Das Schadenpotential stieg mit jeder neuen Berechnung des Tiefs weiter an.

6 Fallbeispiele und Tipps für die Einsatzvorbereitung

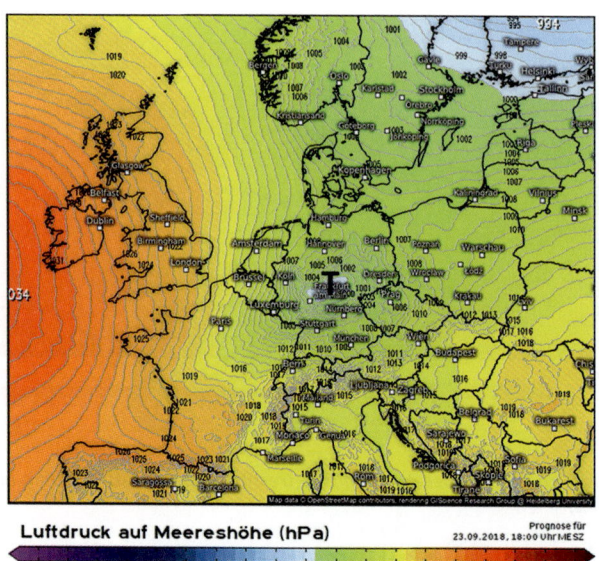

Bild 60: Berechneter Luftdruck für den 23.09.2018/18 Uhr (Rechenlauf des EuropaHD-Modells = ICON-EU v. 22.09.2018/00 Uhr)

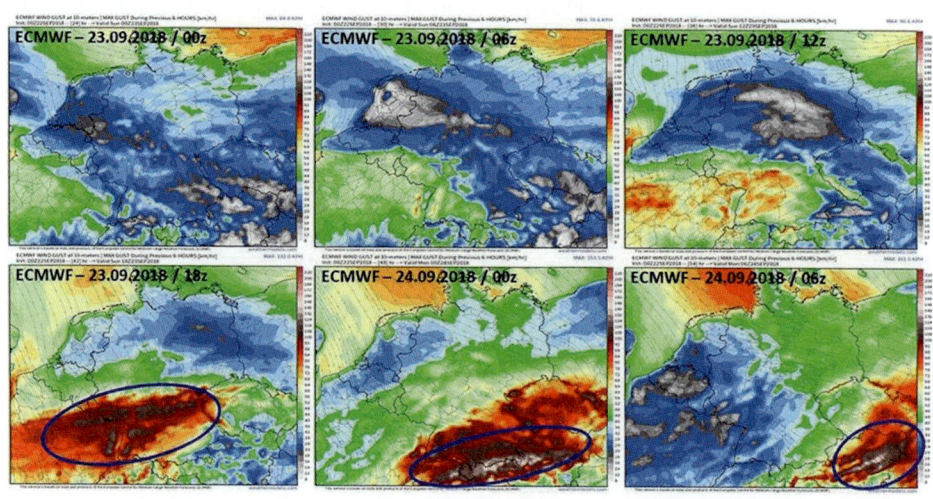

Bild 61: Windböenprognose des ECMWF-Modells für den 23.09. und 24.09.2018 (Quelle: www.weathermodels.com, bearbeitet durch Verfasser)

6.2 Das Sturmtief »Fabienne« am 23.09.2018

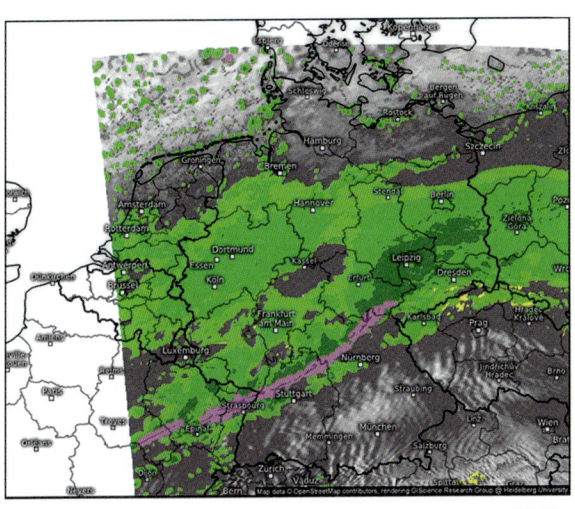

Bild 62: *Modellberechnung des signifikanten Wetters aus dem SuperHD-Lauf v. 21.09.2018/18 Uhr, zeigt die deutlich hervortretende Gewitterlinie*

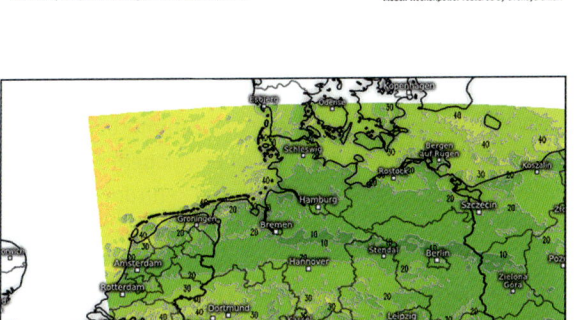

Bild 63: *Windböenberechnung des SuperHD-Laufs v. 22.09.2018/00 Uhr mit der Lage des kleinen Sturmfeldes*

6 Fallbeispiele und Tipps für die Einsatzvorbereitung

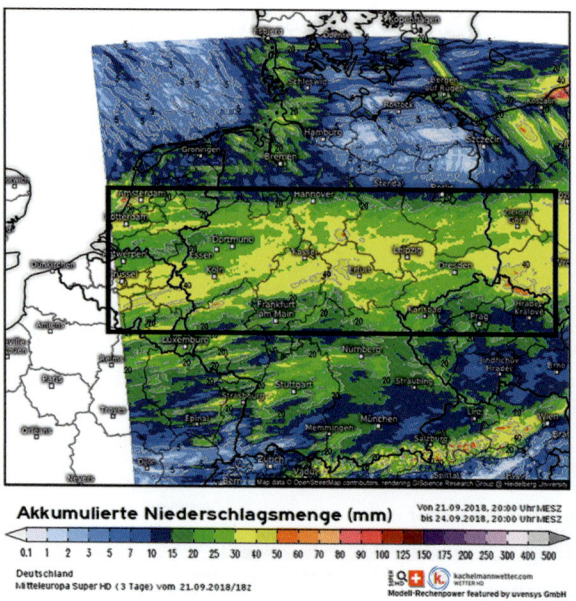

Bild 64: *Aufsummierte Niederschlagsmengenprognose des SuperHD-Laufs v. 21.09.2018/18 Uhr für die Zeit vom 21.09. bis 24.09.2018, 20 Uhr*

Charakteristisch für ein solches Tief ist auch die Lage des Bereichs mit den meisten Niederschlägen. Während südlich des Tiefs mit Sturm- bzw. Orkanböen und Gewittern (teils auch mit kurzzeitig heftigen Niederschlägen) zu rechnen ist, treten in Summe genommen die größten Regenmengen im Zentrum des Tiefs bzw. knapp nördlich des Tiefs auf.

Rechenläufe und Wetterinformationen am 23.09.2018:
Am 23.09.2018 war im Wesentlichen klar, dass das Sturmtief »Fabienne« kommt und wie es sich entwickelt; der zeitliche Ablauf und auch die Warnungen vor Sturmböen etc. konnten konkretisiert werden. Klar war auch, dass sich das Sturmtief sehr schnell über Deutschland hinwegbewegen würde. »Fabienne« war ein kurzzeitiges Sturmereignis, dessen Kaltfront nicht überall gleich stark ausgeprägt war. Dies hieß am Vormittag des 23.09., dass Gewitter, die starke Durchmischung mit höheren Luftschichten und damit die heftigsten Sturmböen nicht überall auftreten würden. Gleichwohl stand fest, dass es sich um eine gefährliche Lage handelte.

6.2 Das Sturmtief »Fabienne« am 23.09.2018

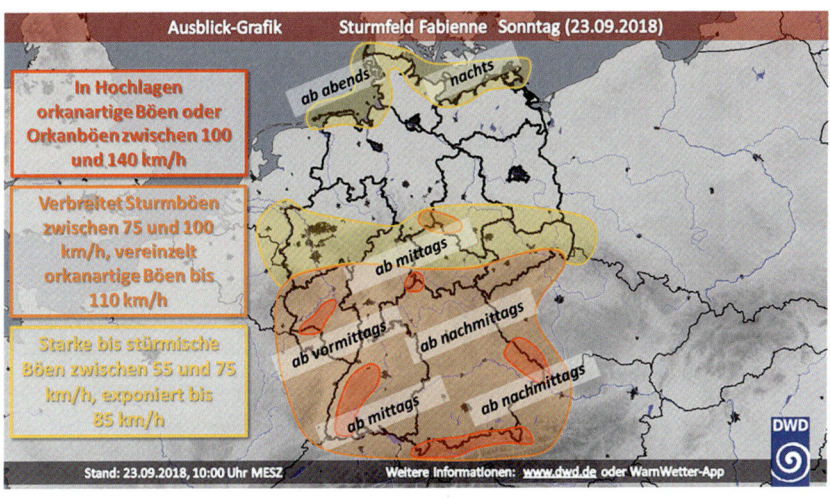

Bild 65: Warnlageübersicht über das Sturmfeld von »Fabienne« für den 23.09.2018 (Quelle: DWD)

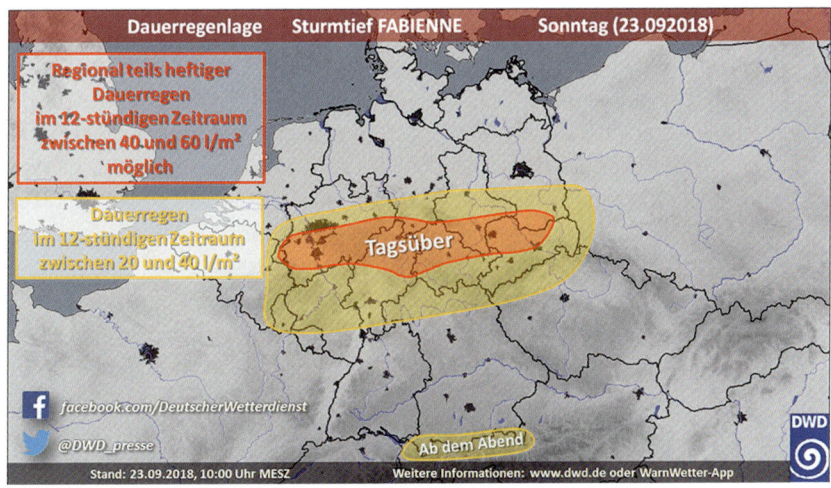

Bild 66: Warnlageübersicht über die Niederschlagsmengen von »Fabienne« für den 23.09.2018 (Quelle: DWD)

6 Fallbeispiele und Tipps für die Einsatzvorbereitung

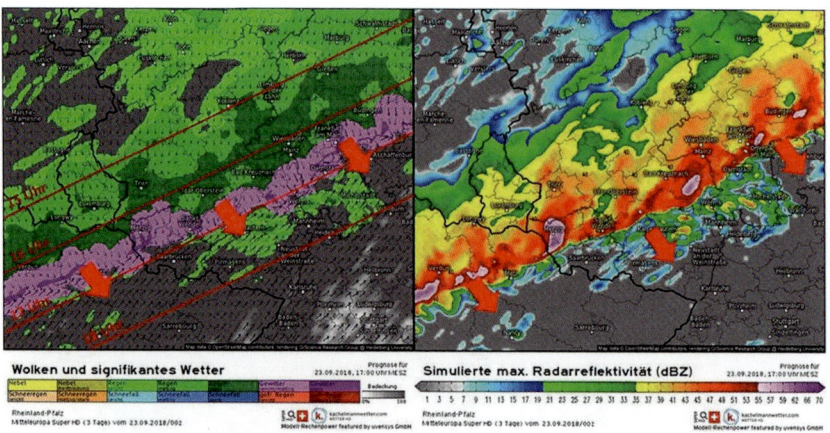

Bild 67: *Detailansicht der SuperHD-Vorhersage für das signifikante Wetter und die simulierten Radardaten für Rheinland-Pfalz und das Saarland (Quelle: www.kachelmannwetter.com, bearbeitet durch Verfasser), ergänzt um Hinweise über Zugbahn der Kaltfront mit ungefähren »Eintreffzeiten«*

In aller Regel ist es möglich, die Vorhersagekarten ebenso wie die Radardaten etc. zu vergrößern. Damit bietet sich die Möglichkeit, betroffene Regionen im Detail anzuschauen. Diese Tools sind für die Feuerwehren vor Ort nützlich, da man nicht die komplette Deutschland- oder Europakarte betrachten muss. Je nach Modell werden aber die Vergrößerungen bis auf Landkreisebene möglicherweise unscharf oder nicht detailliert genug. Auch hier ist es wieder von Vorteil, wenn man generell auf hochauflösende Modelle zurückgreifen kann.

Sturmtief »Fabienne« am 23.09.2018:

Entlang der Kaltfront, die sich ab den Nachmittagsstunden über Süddeutschland hinwegbewegte, kam es verbreitet zu Windböen von 80 km/h und mehr, lokal wurden auch bis in tiefe Lagen (also nicht nur in exponierten Höhenlagen) Orkanböen über 120 km/h registriert. Das Sturmtief »Fabienne« hatte an sich kein ausgeprägtes Sturmfeld, problematisch war hier das Herabmischen des sehr starken Höhenwindes im Bereich der Kaltfront. Im Zusammenwirken des Einschubs subtropischer und entsprechend labiler Luft im Vorfeld der Front mit viel Windscherung und sehr starkem Höhenwind mit der aufziehenden Kaltfront entstand eine kritische Wirkung. Wo schließlich im Bereich der Kaltfront bzw. in einem eingelagerten Gewitter der Höhenwind am stärksten herabgemischt wird, lässt sich bei einer solchen Lage im Vorfeld nicht exakt berechnen. Letztlich war die Kaltfront auch nicht flächig

6.2 Das Sturmtief »Fabienne« am 23.09.2018

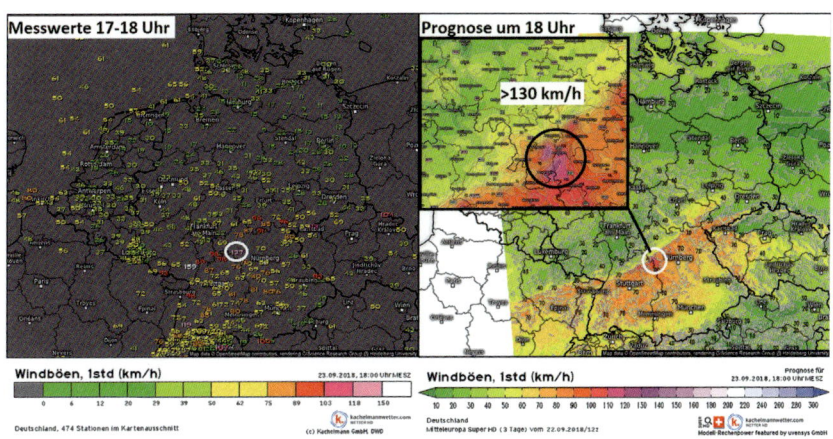

Bild 68: *Windfeldberechnung des SuperHD-Modells für 23.09.2018/18 Uhr (rechts): In dem markierten Bereich wurde mit einer Windgeschwindigkeit von > 130 km/h gerechnet. Tatsächliche Windmesswerte v. 23.09.2018, 18 Uhr (links): Im gleichen markierten Bereich wurden 137 km/h gemessen.*

problematisch, sondern die heftigsten Auswirkungen waren auf einzelne Bereiche beschränkt. Auch was die Windböen betrifft waren die Prognoseberechnungen des SuperHD-Modells gut, das Windfeld mit den höchsten Böenwerten an der Kaltfront wurde bereits am Vortag erfasst.

Die Gewitterlinie, die sich entlang der Kaltfront von »Fabienne« gebildet hat, war im Radarbild und im sog. Stormtracking (= Erfassung und Darstellung von Gewitterzellen hinsichtlich der Heftigkeit und der Zugrichtung) gleichermaßen beeindruckend wie (lokal) gefährlich. Durch die Herabmischung der Höhenwinde kam es auch in Folge zu mehrfach rotierenden Gewitterzellen mit entsprechend hohen Windgeschwindigkeiten. Auch in den Live-Radarbildern war die Kaltfront in ihrer Entwicklung und während des Durchzugs sehr deutlich erkennbar. Mit dem Stormtracking war es möglich, die Zugrichtung und den weiteren Verlauf der Kaltfront bzw. des Unwettertiefs zu verfolgen.

Mit dem Durchzug der markanten und eindrucksvollen Kaltfront von Sturmtief »Fabienne« kam es fast verbreitet zu Windböen zwischen 90 und 100 km/h, örtlich auch deutlich darüber. In Würzburg z. B. wurden mit 137 km/h und auf dem exponierten Weingebiet in Rheinland-Pfalz mit 159 km/h Orkanböen gemessen. In den Bereichen mit den stärksten Windböen kam es vielerorts zu teilweise erheblichen Sturmschäden. Nördlich des Tiefzentrums gab es zudem auch den meisten Regen.

6 Fallbeispiele und Tipps für die Einsatzvorbereitung

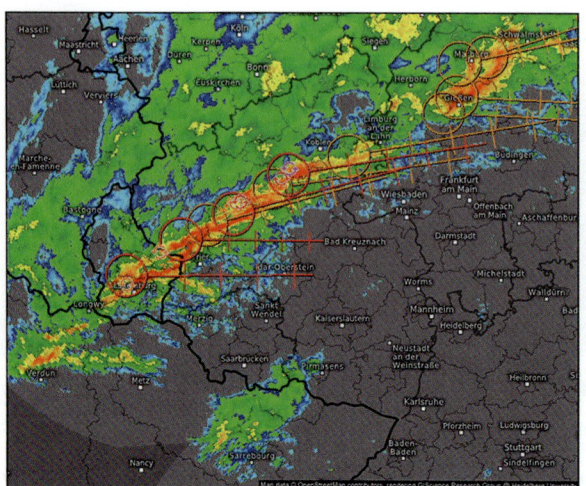

Bild 69: *Stormtracking mit Live-Radardaten vom 23.09.2018, 15:35 Uhr → anhand dieser Livedaten konnte u. a. für das Saarland eine Einschätzung über das Eintreffen der Kaltfront sowie deren Stärke erfolgen*

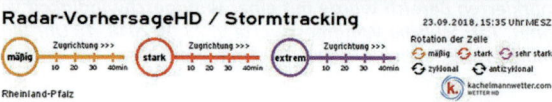

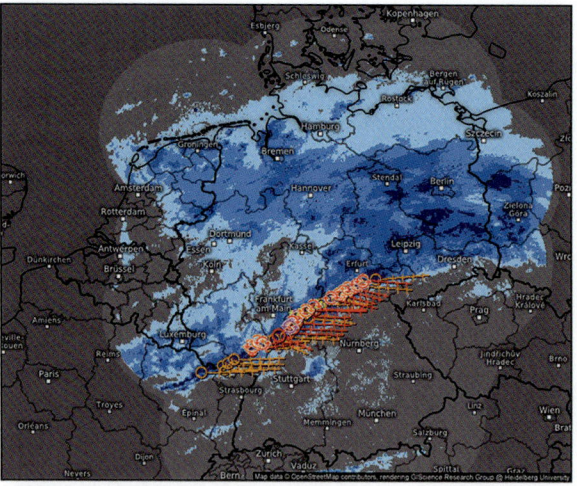

Bild 70: *Live-Radar mit Stormtracking und Zugbahnprognose der Gewitterzellen am 23.09.2018, 17:10 Uhr*

6.2 Das Sturmtief »Fabienne« am 23.09.2018

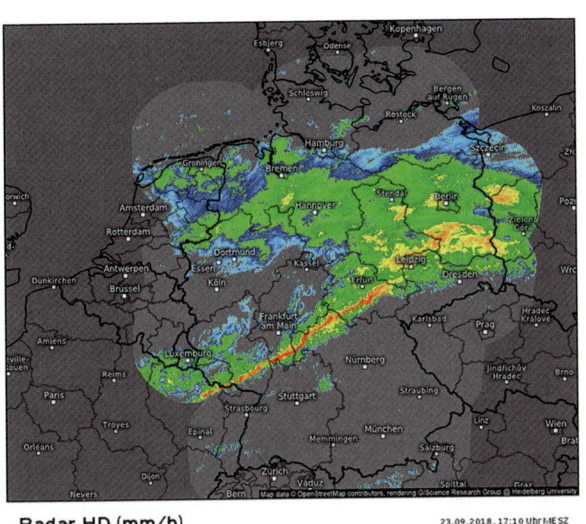

Bild 71: *Radarbild vom 23.09.2018, 17:10 Uhr*

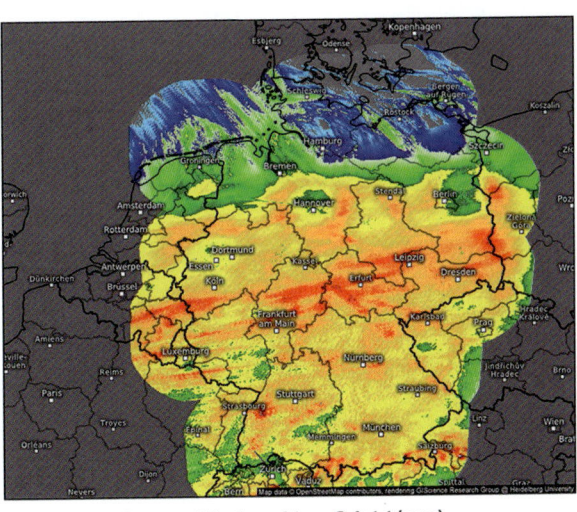

Bild 72: *24stündige Niederschlagssummen vom 23.09.2018 bis 24.09.2018*

6 Fallbeispiele und Tipps für die Einsatzvorbereitung

Besonders innerhalb eines Streifens von West nach Ost quer über der Mitte Deutschlands, was in etwa der Zugbahn des Tiefs entspricht, kam – wie vorhergesagt – die größten Regenmengen zusammen.

Ergebnis und Fazit für Feuerwehren:
Im Ergebnis wird deutlich, dass das Sturmereignis, das durch das Tief »Fabienne« bzw. durch dessen Kaltfront gebildet wurde, bereits zwei Tage zuvor absehbar, einen Tag zuvor schon klar war. Ein hoch auflösendes und damit auch sehr detailliertes Wettermodell simulierte das Tief durchgehend sehr exakt. Die durch »Fabienne« gemessenen Spitzenwindböen gehören nach einer Auswertung des DWD zu den höchsten 1 % der Septembergeschwindigkeiten, die im Referenzzeitraum 1981 bis 2010 in Süddeutschland aufgetreten sind (vgl. DWD/Lefebvre u. a. 2018). Ein so kräftiges Sturmereignis ist daher in Süddeutschland eher selten.

Klimatologisch lässt sich »Fabienne« nur schwer einordnen: Die Sturmtätigkeit über dem Nordatlantik und Nordeuropa unterliegt grundsätzlich großen Schwankungen. Um Aussagen zum Einfluss des Klimawandels auf eben solche Sturmaktivitäten treffen zu können, sind erst noch Studien und Untersuchungen erforderlich, zumal sich auch die bisherigen Ergebnisse stark unterscheiden.

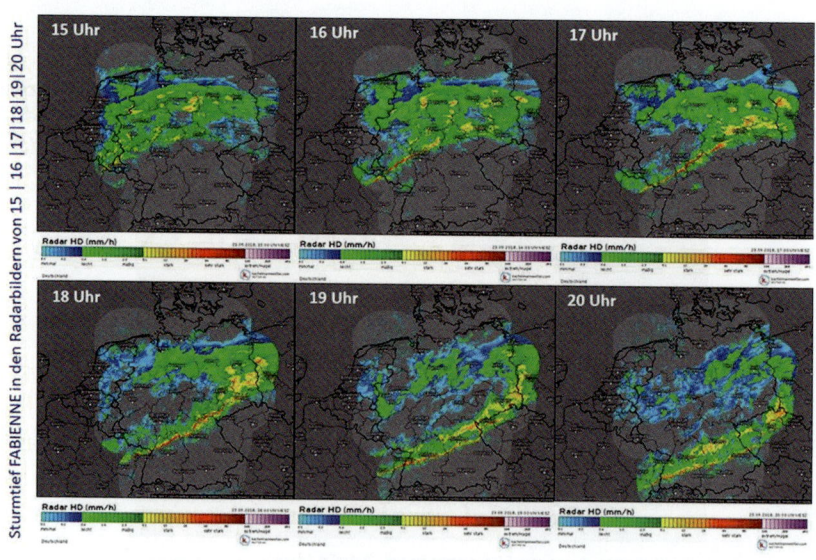

Bild 73: *Die Zugbahn des Sturmtiefs »Fabienne« durch Deutschland am 23.09.2018 von 15 Uhr bis 20 Uhr (Quelle: www.kachelmannwetter.com, bearbeitet durch Verfasser)*

Für die Gefahrenabwehr bzw. die Feuerwehren zeigt dieses Fallbeispiel, dass es bei erster Kenntnis einer möglichen Gefahrenlage (z. B. aus den allgemeinen Wettervorhersagen) sinnvoll und nützlich ist, die genaueren Modellprognosen bereits ab dem Zeitpunkt der ersten Information im Auge zu behalten (und nach Möglichkeit auch vorab verschiedene Modelle zu vergleichen) und je näher das Ereignis rückt, auch die Live-Radardaten (inkl. Stormtracking etc.) sowie (stündlich) aktualisierte Messwerte zu betrachten. Ein bis zwei Tage Vorlaufzeit sind aus meiner Sicht auch ausreichend Zeit, um ggf. vorbereitende Maßnahmen hinsichtlich der Einsatzablauforganisation zu treffen. Am Tag des Ereignisses ist es zudem mit dem Stormtracking und den weiteren Tools (Radar etc.) zusätzlich möglich gewesen, mit einer Vorlaufzeit von 1 bis 2 Stunden weitere Maßnahmen bezüglich Disposition etc. einzuleiten.

6.3   Ein »Drei-Stunden-Ereignis« im Saarland

Der Monatswechsel vom Mai zum Juni 2018 zeigte einmal mehr, wie heftig Wettererscheinungen werden können. Innerhalb eines Zeitfensters von knapp 3 Stunden richtete ein Unwetter im Saarland Millionenschäden an. Die Gewitterfront mit heftigen und v. a. großen Niederschlagsmengen zog von Frankreich (Elsass-Lothringen) in nördlicher Richtung über das Saarland hinweg.

Die Front wurde am Tag zuvor in den Wettermodellen hinsichtlich Zugbahn und auch Intensität gut berechnet. Die Gewitter wurden eher großflächig, die Starkniederschläge eher punktuell berechnet. Wie in Kapitel 6.1 beschrieben, sind die Punktlagen jedoch lediglich zur groben Orientierung geeignet, da die genauen Schwerpunkte nicht berechnet, sondern nur im Live-Stormtracking erkannt und verfolgt werden können. Gleichwohl lagen die höher aufgelösten Modelle mit den Schwerpunkten im Wesentlichen richtig.

In den nachfolgenden Abbildungen zweier Modellberechnungen für die Nacht Ende Mai, Anfang Juni ist der Hauptunwetterschwerpunkt, an dem es die größten Schäden gab, mit einem Kreis zur Orientierung markiert.

Das französische Modell AROME in Bild 74 hat die Zugbahn des Unwettergebietes zutreffend berechnet, auch die Bereiche mit den stärksten und intensivsten Niederschlägen werden im Modell deutlich dargestellt und können bei ähnlichen Fällen (auch im Modellvergleich) in der Einsatzpraxis genutzt werden, um eine Einschätzung der Lageentwicklung durchzuführen.

Das hauseigene SuperHD-Modell der Kachelmann-Gruppe (Bild 75) hat die Unwetterlinie und auch deren Zugbahn ziemlich treffend berechnet; einzig der zeitliche Ablauf war in diesem Modelllauf vom 31.05.2018, 0 Uhr, noch etwas in den

6 Fallbeispiele und Tipps für die Einsatzvorbereitung

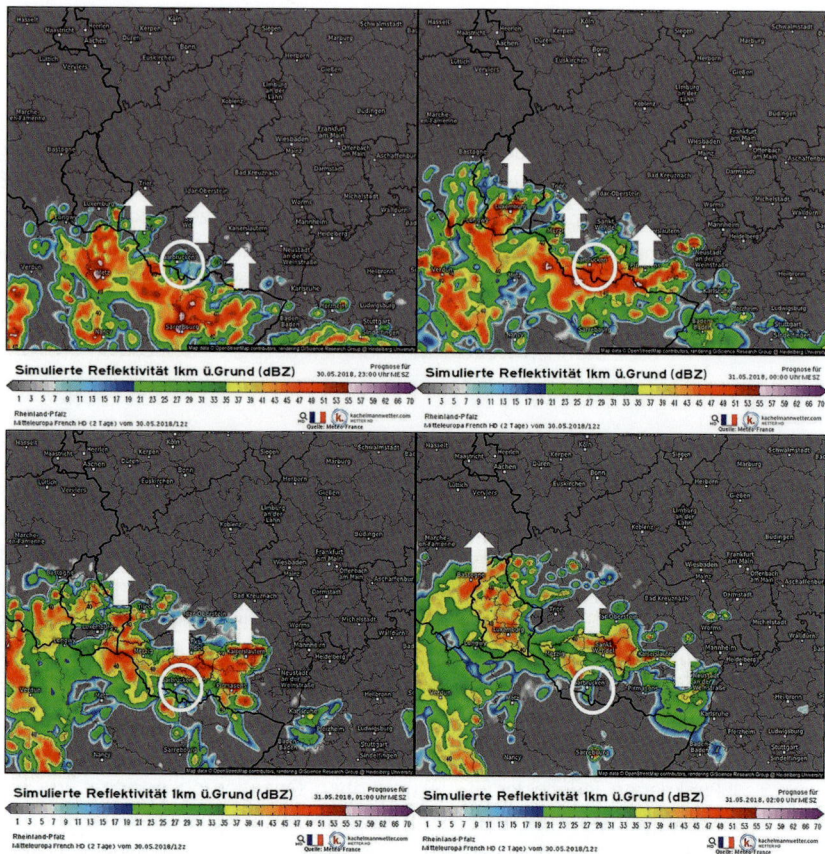

Bild 74: Das französische Modell »AROME« mit der simulierten Radarreflektivität, also der prognostizierten Niederschlagsintensität vom 31.05.2018, 22 Uhr, bis zum 01.06.2018, 2 Uhr (Quelle: www.kachelmannwetter.com, bearbeitet durch Verfasser)

01.06.2018 verschoben. Aber auch hier konnten die Modellläufe im Vorfeld zur Lageeinschätzung verwendet werden.

Problematisch bei diesem Unwettergebiet waren die geringen Höhenwinde in über 1.500 m, die auch in den Modellberechnungen so vorhergesagt wurden. Die Höhenwinde, die seinerzeit z. B. mit gerade einmal 20 km/h in 1.500 m Höhe berechnet wurden, führen dazu, dass sich die Wettererscheinungen darunter nur sehr langsam

6.3 Ein »Drei-Stunden-Ereignis« im Saarland

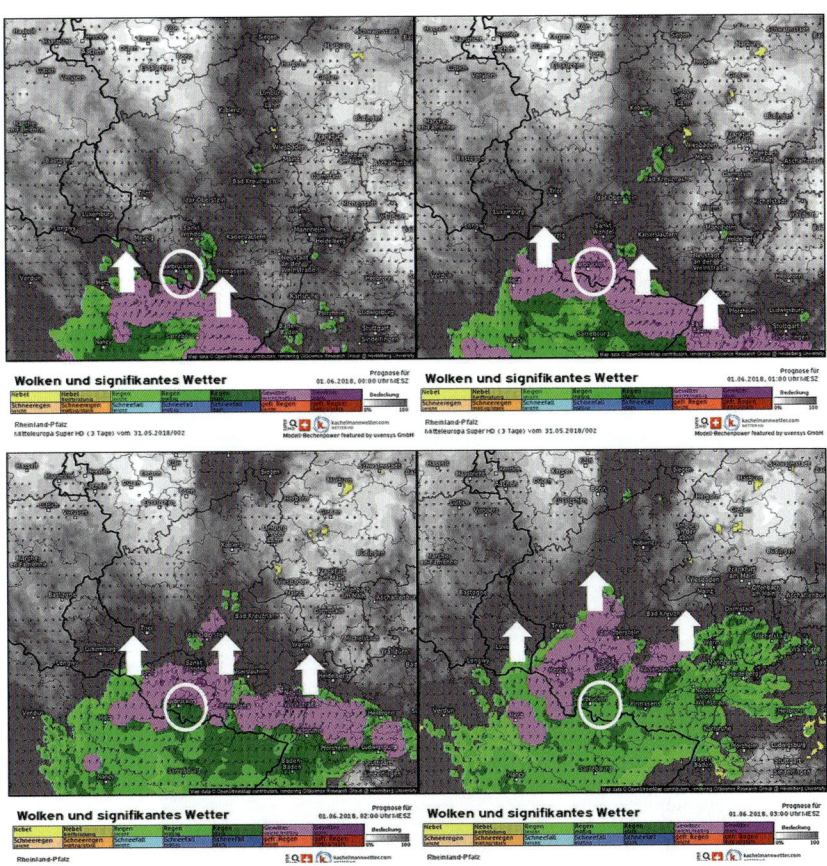

Bild 75: Das SuperHD-Modell der Kachelmann-Gruppe mit der Vorhersage des signifikanten Wetters mit deutlich erkennbaren Gewittern (rosafarbene Markierung) für die Zeit von 01.06.2018, 0 Uhr, bis 01.06.2018, 3 Uhr (Quelle: www.kachelmannwetter.com, bearbeitet durch Verfasser)

bewegen, statisch bzw. stationär bleiben und sich über eng begrenzten Regionen regelrecht austoben. Dies war auch der Grund dafür, dass dieses Unwetterereignis mit seinen heftigsten Auswirkungen drei Stunden über dem betroffenen Gebiet verblieb bzw. sich dort immer wieder neu aufgebaut hat. Erst in der zweiten Nachthälfte bewegte sich die Front langsam weiter nach Norden. In dem Bild 76 sind die Radarbilder mit dem Stormtracking (also der Erfassung von Gewitterzellen) innerhalb eines 3 Stunden Zeitfensters in den maximal möglichen 5-Minuten-Schritten dargestellt.

6 Fallbeispiele und Tipps für die Einsatzvorbereitung

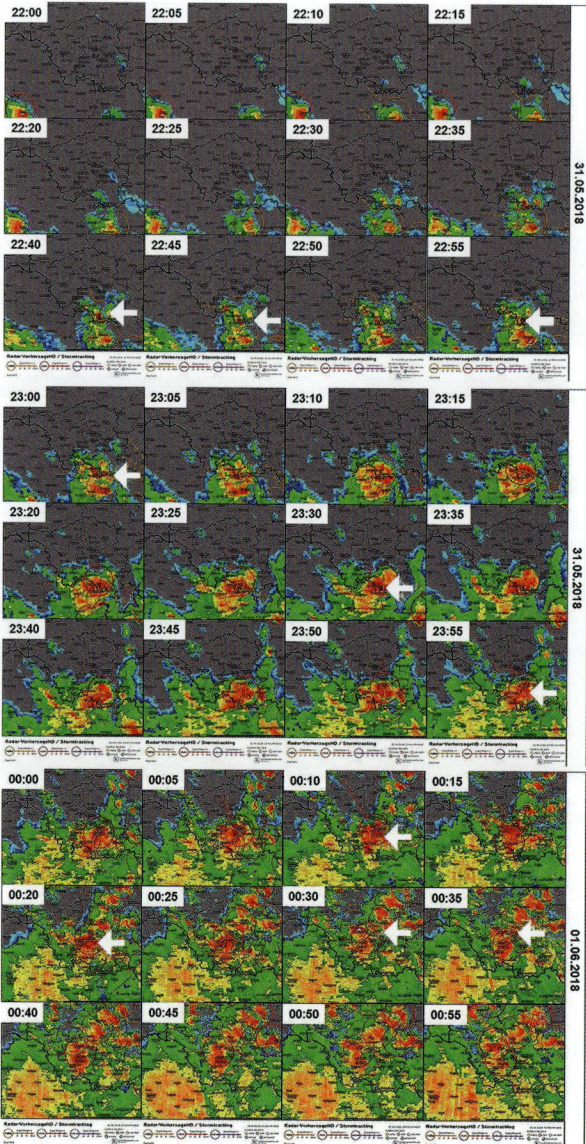

Bild 76: *Live-Radar mit Stormtracking vom 31.05.2018, 22 Uhr, bis zum 01.06.2018, 1 Uhr, für das gesamte Saarland (Quelle: www.kachelmannwetter.com, bearbeitet durch Verfasser). Der weiße Pfeil verweist auf das Gebiet, über dem sich die Niederschläge über drei Stunden hinweg geballt haben.*

6.3 Ein »Drei-Stunden-Ereignis« im Saarland

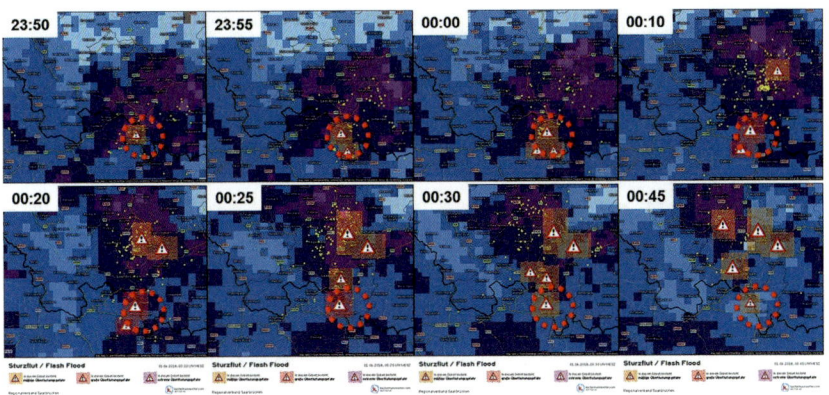

Bild 77: *Sturzflutwarnungen für den Regionalverband Saarbrücken (Saarland) vom 31.05.2018, 23:50 Uhr, bis zum 01.06.2018, 0:45 Uhr (Quelle: www.kachelmannwetter.com, bearbeitet durch Verfasser). Die von Überflutung gefährdeten Bereiche sind mit Warndreiecken markiert.*

Die heftigsten Niederschläge sind in den Radarbildern in roter Farbe dargestellt. Betrachtet man diese Radarübersicht, erkennt man deutlich, dass sich diese Unwetterzone über einem eng begrenzten Gebiet ausgeregnet hat (in Bild 76 mit Pfeil markiert). Die Niederschlagsmengen, die dort alleine innerhalb von drei Stunden zusammengekommen sind, kann kein Kanalsystem erfassen und führte so zu Sturzfluten, Überflutungen und den übrigen, dafür typischen Wettergefahren.

Die ersten Sturzflutwarnungen für das Saarland gingen sehr zeitnah nach dem Eintreffen des Unwetters ein. Diese Parameter können im Ereignisfall nützlich sein, um Gefahrenbereiche erkennen und ggf. noch – soweit möglich – reagieren zu können. Auch in der nachfolgenden Abbildung ist das Haupteinsatzgebiet markiert.

Das Unwetterereignis Ende Mai, Anfang Juni im Saarland zeigt, dass nicht nur vorab die Wettervorhersagen verschiedener Modelle im Auge behalten und verglichen werden sollten, sondern auch zeitnah die Live-Radardaten (Radar, Stormtracking, Sturzfluthinweise) beobachtet werden müssen.

Aus den Bildern 78a und b wird deutlich, wieviel Regen sich in 48 Stunden im Saarland aufsummiert hat. Wenn man dann noch den Hintergrund berücksichtigt, dass das Unwetterereignis sich »nur« innerhalb weniger Stunden abgespielt hat, werden die Ausmaße erst richtig deutlich.

Die offiziellen Wetterstationen des DWD im Saarland haben am 01.06.2018 Regenmengen von 66 l/m² am Flughafen Saarbrücken-Ensheim als 12-Stunden-Maximum übermittelt, an den Messstationen Schmelz-Hüttersdorf waren es 54 l/m²,

6 Fallbeispiele und Tipps für die Einsatzvorbereitung

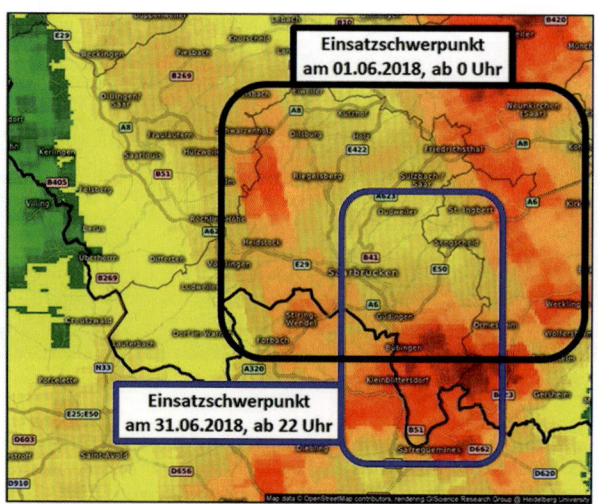
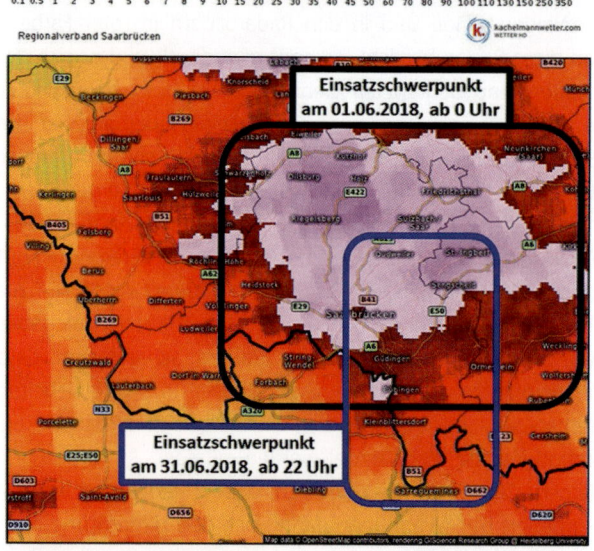

Bilder 78 a und b: *Graphische Darstellung der Niederschlagsmengen, die am 31.05.2018 und am 01.06.2018 innerhalb von jeweils 24 h zusammengekommen sind; die Einsatzschwerpunkte sind entsprechend markiert (Quelle: www.kachelmannwetter.com, bearbeitet durch Verfasser)*

6.3 Ein »Drei-Stunden-Ereignis« im Saarland

in Tholey 51 l/m². Diese Daten stammen von der Übermittlung vom 01.06.2018, 8 Uhr und erfassen die Mengen in den vorherigen 12 Stunden (beginnend also ab dem 31.05.2018, 22 Uhr). Es ist aber mehr als wahrscheinlich, dass an anderen Orten, die vom Unwetter am heftigsten getroffen wurden, noch wesentlich höhere Mengen zusammengekommen sind, die aber mangels (offizieller) Messstationen nicht erfasst wurden.

Wenige Stunden Starkregen brachten den betroffenen Kommunen tage- bzw. wochenlange Arbeit, die Schlagzeilen in den Nachrichten waren entsprechend:

- *»Schwere Unwetter richten im Saarland Millionenschäden an«* (Saarbrücker Zeitung v. 02./03.06.2018)
- *»Verheerende Schäden nach Gewitter-Nacht – In der Nacht zum Freitag sind die Rettungskräfte im Dauereinsatz gewesen, besonders schwer traf das Unwetter den Raum Kleinblittersdorf«* (Saarbrücker Zeitung v. 02./03.06.2018)
- *»Gemeinde kämpft sich aus dem Schlamm – Unwetter trifft Kleinblittersdorf hart, Geröll und Matsch fluten Straßen, Häuser verwüstet, jetzt läuft das große Aufräumen«* (Saarbrücker Zeitung v. 02./03.06.2018)
- *»Reißende Fluten, wo sonst Straßen sind – mit Schlauchbooten aus den Häusern geholt: Das Unwetter traf im Regionalverband Saarbrücken viele Menschen«* (Saarbrücker Zeitung v. 02./03.06.2018)
- *»Heftiger Starkregen flutet etliche Häuserkeller – Feuerwehr und THW waren nach einem Extremwetter im St. Ingberter Stadtgebiet an mindestens 300 Stellen im Dauereinsatz«* (Saarbrücker Zeitung v. 02./03.06.2018)

Die Regenmengen, die hier in dem zeitlich engeren Rahmen über Teilen des Saarlandes gefallen sind, konnten nicht mehr auf den sonst üblichen Wegen regulär abgeführt werden: Ein Abfließen über natürliche oder künstlich geschaffene Abflüsse (Kanäle) war ebenso wenig möglich, wie ein Versickern oder gar ein Verdunsten. Alle Wege waren überlastet, ein gegenseitiges Kompensieren war in der kurzen Zeit nicht möglich, so dass sich das Wasser andere Wege suchen musste. Starkregenereignisse können lokal und zeitlich begrenzt immer wieder die üblichen Abflusswege des Wassers überfordern, was einige Unwetterereignisse in der jüngeren Vergangenheit eindrucksvoll bewiesen haben.

Dauerregenereignisse hingegen (zur Unterscheidung von Starkregenereignissen) bringen Entwässerungseinrichtungen über eine gewisse Zeit an ihre Kapazitätsgrenzen; die über mehrere Tage oder Wochen zusammenkommenden Regenmengen können nicht mehr aufgenommen und abgeleitete werden, es kommt zu

Ausuferungen und Überflutungen. Solche Unwetterereignisse sind aufgrund der langen Zeitdauer vergleichsweise früh vorhersagbar.

6.4 Ein kurzes Hagelgewitter am 04.05.2017

Beeindruckend, aber nicht ungefährlich war ein konvektives Gewitterereignis am 04.05.2017 über dem Stadtgebiet von Homburg im Saarpfalz-Kreis. Eine kleine Gewitterzelle baute sich im nördlichen Bereich des Saarpfalz-Kreises unmittelbar an der Landesgrenze zur Rheinland-Pfalz auf. Die Zelle zog in südlicher Richtung über Homburg hinweg und gewann dort immer mehr an Energie, die sich auf einem eng begrenzten Raum entlud.

Bild 79: *Gewitterzelle über Homburg am 04.05.2017 gegen 18 Uhr*

Die Zelle selbst war bereits gegen 17 Uhr auf dem Radar erkennbar und konnte im 5-Minuten-Rhythmus verfolgt werden. Spätestens gegen 18 Uhr war aus dem Stormtracking und dem Radar klar, dass die Zelle über Homburg zieht und auch weiter an Stärke zulegt; gleichzeitig nahm auch die Intensität der Niederschläge zu.

Die Zelle zog schließlich ab ca. 18 Uhr bis kurz vor 19 Uhr in Nord-Süd-Richtung über Homburg hinweg; in einem schmalen Streifen im zentralen Stadtgebiet kam es dabei zu heftigem Starkregen und sehr lokal begrenzt zu einem starken Hagel-

6.4 Ein kurzes Hagelgewitter am 04.05.2017

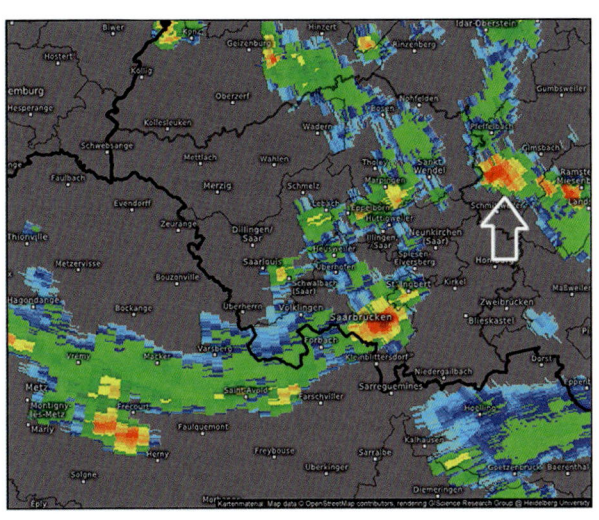

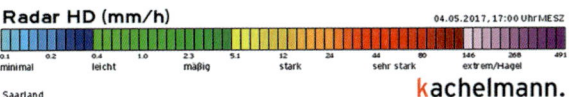

Bild 80: *Gewitterzelle an der Landesgrenze Rheinland-Pfalz/Saarland am 04.05.2017 um 17 Uhr (Quelle: www.kachelmannwetter.com, bearbeitet durch Verfasser)*

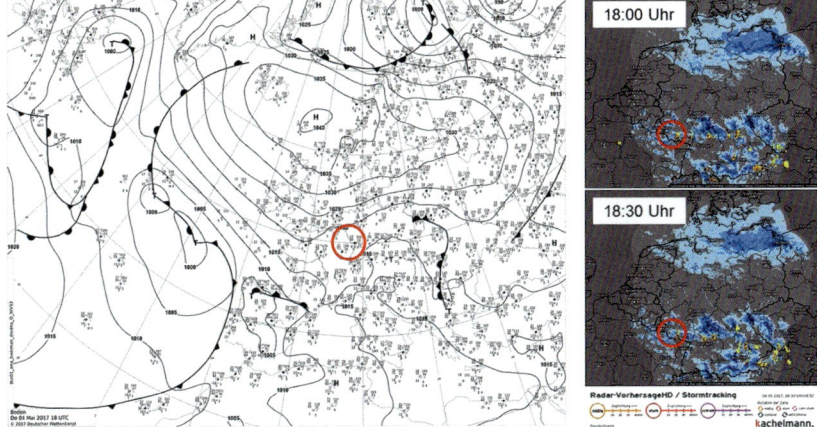

Bild 81: *DWD-Bodenanalysekarte vom 04.05.2017, 18 Uhr (links) und die Stormtrackinglage um 18 Uhr bis 18.30 Uhr (Quellen: DWD, www.kachelmannwetter.com)*

6 Fallbeispiele und Tipps für die Einsatzvorbereitung

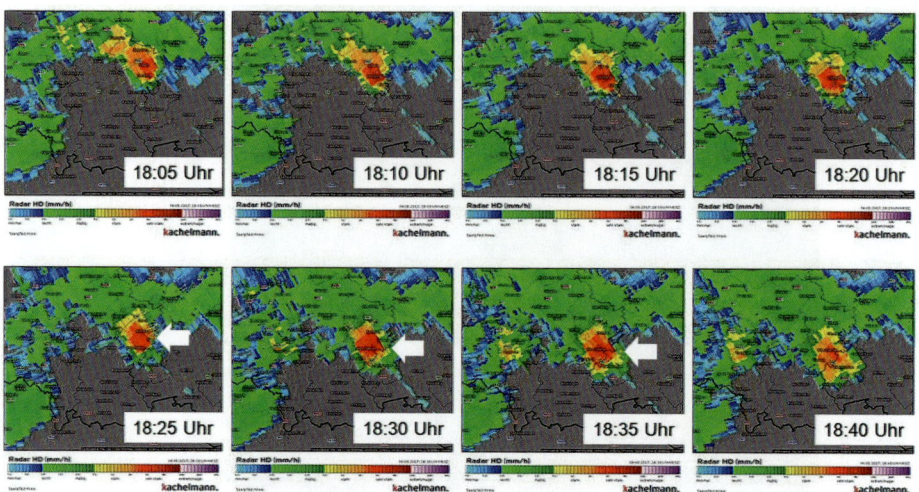

Bild 82: *Niederschlagsradarbilder am 04.05.2017 von 18:05 Uhr bis 18:40 Uhr; der Bereich der heftigsten Niederschläge ist an der rötlichen Färbung deutlich zu erkennen, die rund 10 Minuten der extremsten Niederschläge sind entsprechend markiert (Quelle: www.kachelmannwetter.com, bearbeitet durch Verfasser)*

niederschlag. Nach etwa 45 Minuten löste sich die Gewitterzelle weiter südlich auf bzw. ging in einen normen Landregen über.

Bei dieser Gewitterzelle war besonders die sehr kurze Zeitspanne, in der sich die heftigsten Niederschläge in Form von Starkregen, vor allem aber als Hagel entladen haben. Auf einer Fläche von nur knapp 2 km² fielen innerhalb von ca. 15 Minuten (in Bild 82 in dem mit dem Pfeil markieren Bereich) 10 cm, lokal auch fast 15 cm Hagel, teilweise mit einer Korngröße von 2–3 cm. Dies führte im Bereich einer Bundesstraße auf einer Länge von 1.000 m zu einer Vollsperrung für ca. 45 Minuten, weil die Straße aufgrund des Hagels nicht mehr befahrbar war; ein Winterdienstfahrzeug musste ausrücken, um die Fahrbahn zu räumen.

Da die Bäume zu diesem Zeitpunkt auch bereits voll unter Laub standen, wurden im Bereich der heftigsten Hagelniederschläge auch die Bäume teilweise fast vollständig entlaubt.

6.4 Ein kurzes Hagelgewitter am 04.05.2017

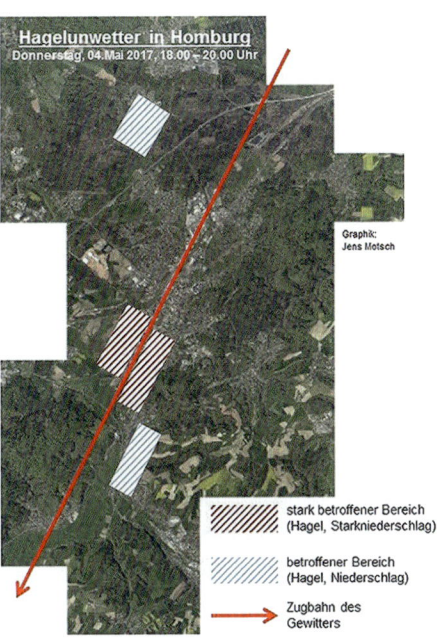

Bild 83: *Übersichtskarte mit den betroffenen Bereichen im Stadtgebiet von Homburg; kurzzeitige Überflutungen und eine Sperrung von Fahrbahnen wegen extremen Hagels gab es im rot markieren Bereich*

Bild 84: *Das Hagelunwetter am 04.05.2017 erforderte die Vollsperrung einer Bundesstraße und den Einsatz eines Winterdienstfahrzeugs*

6.5 Hochwasser

Hochwasser und Überflutungen gehören zu den Folgen von Wetterereignissen, die man selbst schon teilweise mehrfach erlebt hat. In den letzten Jahren haben sich die »Jahrhunderthochwasser« gelegentlich selbst übertroffen bzw. die Medien haben über ein »Jahrhunderthochwasser« nach dem anderen berichtet (z. B. Oder-Hochwasser 1997, Elbe-Hochwasser 2002, die quasi »regelmäßigen« Hochwasser an Mosel und Rhein sowie ihren Nebenflüssen).

Hochwasser und Überflutungen sind letztlich Folgen von Wetterereignissen. Kleinere Flüsse und Bäche können alleine schon kurzzeitig durch ein lokales Gewitter mit einem eng begrenzten Starkregen ausufern. Größere Gewässer hingegen benötigen wesentlich ausgedehntere Niederschlagsgebiete entweder aufgrund von großen Regengebieten von Mittelbreitenzyklonen oder aufgrund des raschen Aufeinanderfolgens mehrerer Tiefdruckgebiete, die insgesamt eine große Regenmenge bringen. Tauwetter kann eine Hochwasserlage zusätzlich noch verschärfen. Aber grundsätzlich ist Hochwasser eine natürliche Erscheinung. Fließgewässer bzw. deren Abflussmengen sind naturgemäß großen Schwankungen unterworfen, die in Zusammenhang mit den Niederschlägen in ihren Einzugsgebieten zusammenhängen, Ausuferungen sind normal. Alleine die Tatsache, dass vielfach natürliche Überflutungsflächen bebaut oder versiegelt werden, macht ein »normales« Ausufern unmöglich und kann dann schon als Hochwasser Schäden verursachen.

Klassische Ursache für Hochwasserlagen sind – unabhängig von den kurzzeitigen Überflutungen nach lokalen Starkregenereignissen (vgl. z. B. Kap. 6.3) – Dauerregenlagen, wenn ein Tief auf das nächste folgt, die Böden gesättigt sind und kein Wasser mehr aufnehmen können und auch die Gewässer an ihre Grenzen gelangen.

Hier sollte man sich bei entsprechenden Anzeichen (z. B. Ansteigen von Pegeln, Vorhersage von Dauerregen etc.) über die noch bevorstehenden Niederschlagsmengen (ggf. auch Niederschlagsdauer) informieren (vgl. Kap. 6.6).

Nach einem Hochwasserereignis empfiehlt es sich auf jeden Fall, die Niederschlagsmengen und die Pegelentwicklung anzuschauen und auszuwerten, um für die zukünftige Einsatzplanung entsprechende Erfahrungsdaten zu erhalten:

- Welche Regenmengen kamen insgesamt innerhalb welchen Zeitraums zusammen?
- Was waren die maximalen Regenmengen innerhalb eines definierten Zeitraumes (z. B. pro Tag)?
- Wie entwickelten sich die Pegelstände?

- Wo und ab welchem Pegelstand erfolgten die ersten Ausuferungen bzw. Überflutungen (→ Diagnose von Risikobereichen)?
- ...

Wichtig ist, dass man auch nach einer längeren »hochwasserfreien« Zeit die potentielle Gefahr nicht außer Acht lässt. Es liegt aber in der Natur des Menschen, dass nach längerer Zeit ohne ein Extremereignis mit dem Wissen um die Gefahr auch die Fähigkeit und die Bereitschaft, sich einer Gefahr anzupassen oder angemessen darauf zu reagieren, verloren geht – bis zu dem Zeitpunkt, an dem es wieder kritisch oder gar gefährlich wird.

6.6 Radardaten, Messwerte und weitere nützliche Parameter

Wie in den drei Fallbeispielen dargestellt gibt es eine Vielzahl von Möglichkeiten, sich über eine aktuelle Wetterlage laufend zu informieren, um zeitnah reagieren oder agieren zu können. Die meisten (guten) Wetterdienste bieten darüber hinaus auch weitere Mess- und Radardaten sowie andere Parameter an, die Feuerwehren für die unterschiedlichsten Einsatzzwecke nutzen können. Nachfolgend sind einige Beispiele aufgeführt, die ich immer wieder nutze:

Wochenwettermeteogramm:
Ein Meteogramm ist eine grafische Darstellung der Wetterentwicklung für einen regionalen Bereich, prinzipiell nichts anderes als eine andere grafische Darstellung der Wettervorhersage, wie man sie aus Tageszeitungen oder dem Fernsehen kennt. Ein Meteogramm gibt es – je nach Wetterdienst – für unterschiedliche Zeiträume und in aller Regel auf konkrete Orte bezogen. Diese Meteogramme eignen sich besonders gut für eine allgemeine Information über das Wetter kommender Tage (für die Freizeitplanung oder einen Tag der offenen Tür ebenso wie für die Einschätzung evtl. Unwetterlagen).

Aufsummierte Niederschlagsmengen (Vorhersage) bzw. Niederschlagssummen (Messdaten):
Das Jahr 2018 war u. a. geprägt von einer langanhaltenden Trockenheitsperiode. Über mehrere Wochen gab es in Deutschland nur sehr geringe Niederschlagsmengen.

6 Fallbeispiele und Tipps für die Einsatzvorbereitung

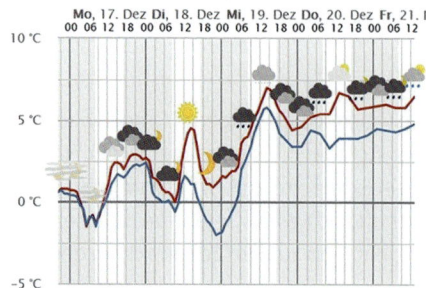

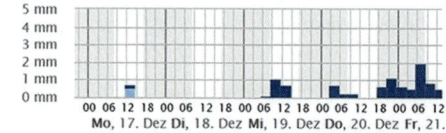

Bild 85: *Meteogrammbeispiel für Homburg/Saar (Quelle: www.kachelmannwetter.com)*

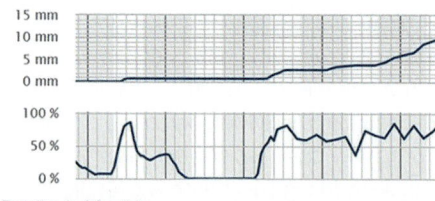

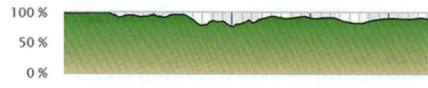

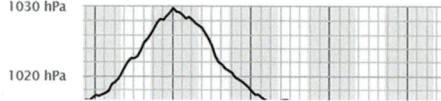

6.6 Radardaten, Messwerte und weitere nützliche Parameter

Die einzelnen, lokalen Unwetterereignisse, die örtlich heftige Starkniederschläge brachten, haben in der Gesamtniederschlagsmenge aber nur wenig Auswirkungen gezeigt.

Hier war es interessant, die Vorhersagen der einzelnen Modelle hinsichtlich der aufsummierten Niederschlagsmengen zu vergleichen, um abschätzen zu können, wie lange die Trockenheit noch bestehen bleibt. Dieser Vergleich war und ist vor allem in Bezug auf potentielle Vegetationsbrandgefahren sowie für die Planung einer notwendigen. Notwasserversorgung von exponierten Bereichen sinnvoll. Darüber hinaus waren die ausgebliebenen Niederschläge auch für den drastischen Rückgang der Pegelstände verantwortlich, was im schlimmsten Falle zu einem Versorgungsengpass an Kraftstoffen hätte führen können (bzw. regional bereits im Jahr 2018 geführt hatte).

Umgekehrt können auch evtl. Dauerregenlagen aus den mittelfristen Prognosemodellen heraus erkannt werden. Zieht man dann noch Messwerte vorangegangener Tage heran (vgl. z. B. Bild 87) und ergänzt diese Daten mit den Mittelfristprognosen der erwarteten Niederschläge (vgl. Bild 88), kann abgeschätzt werden, ob sich eine Hochwasserlage einstellen kann (vgl. zu Hochwasser auch Kap. 6.5).

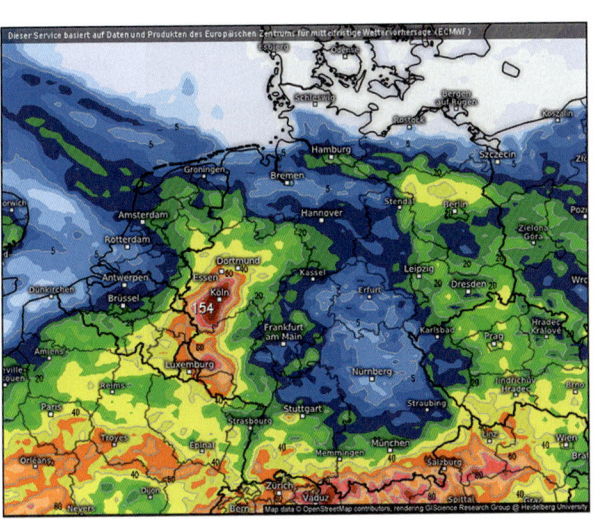

Bild 86: *Aufsummierte (akkumulierte) Niederschlagsmengen des ECMWF-Modells für die Zeit vom 01.06.2018/2 Uhr bis zum 11.06.2018/2 Uhr; es ist deutlich ein Bereich nördlich von München bis nach Hamburg zu erkennen, in dem weniger als 10 mm Regen vorhergesagt wurden (Quelle: www.kachelmannwetter.com).*

6 Fallbeispiele und Tipps für die Einsatzvorbereitung

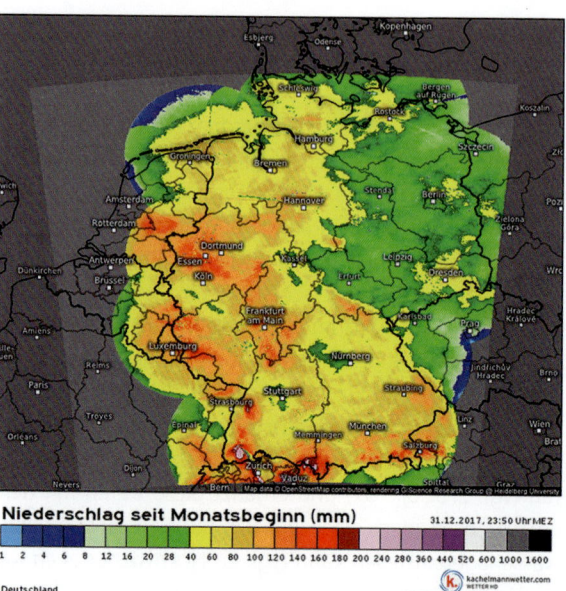

Bild 87: Niederschlagssummen im Dezember 2017 (Quellen: DWD, www.kachelmannwetter.com)

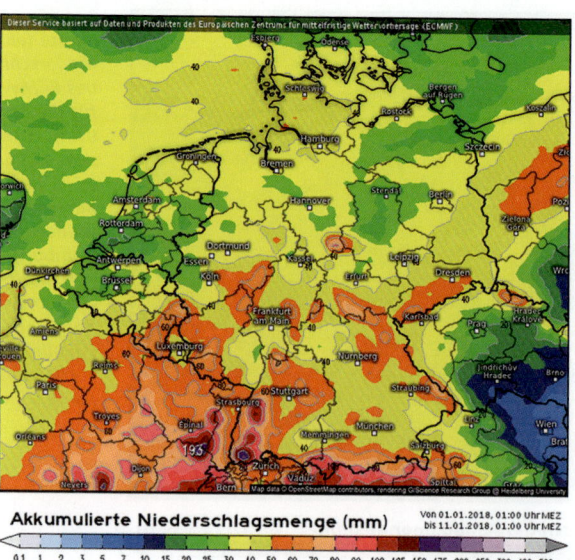

Bild 88: Prognose der akkumulierten Niederschlagsmengen aus dem ECMWF-Modell für die Zeit vom 01.01.2018/1 Uhr bis zum 11.01.2018/1 Uhr (Quelle: www.kachelmannwetter.com)

6.6 Radardaten, Messwerte und weitere nützliche Parameter

Neben der grafischen Darstellung der Niederschlagsmengen gibt es auch die Messdaten der offiziellen Messstationen, die weltweit verteilt sind und zu festgelegten Terminen übermittelt werden.

Windmittel und Windrichtung (Vorhersage):
Neben den bei Sturmlagen wichtigen maximalen Windböenprognosen sind auch die Vorhersagen der mittleren Windgeschwindigkeiten und der Windrichtungen mitunter beachtenswert. Bei Vegetationsbränden kann die Abschätzung der Ausbreitung von Bränden auch unter Berücksichtigung der vorherrschenden Winde erfolgen. Bei Großbränden oder Gefahrguteinsätzen können die Windgeschwindigkeiten und die Windrichtungen hinsichtlich der Ausbreitung von Brandrauch oder Verteilung von Gefahrstoffen maßgeblich sein. Messwerte reichen anfangs aus, um ggf. eine Lageeinschätzung der bisherigen Verbreitung bzw. Ausbreitung durchführen zu können, aber für die weitere Entwicklung werden die Prognosedaten benötigt.

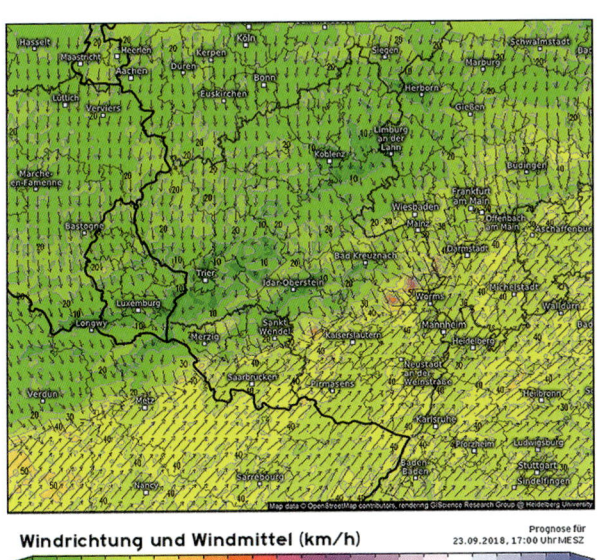

Bild 89: *Prognose der mittleren Windgeschwindigkeit und der Windrichtung aus dem SuperHD-Modell (Quelle: www.kachelmannwetter.com)*

6 Fallbeispiele und Tipps für die Einsatzvorbereitung

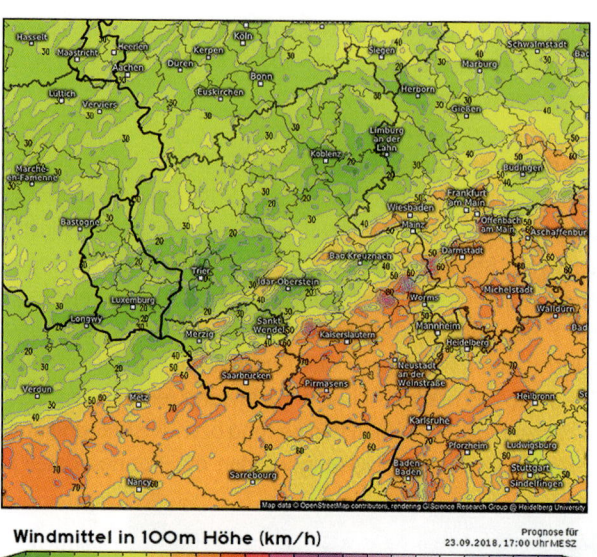

Bild 90: *Vorhersage der mittleren Windgeschwindigkeit in 100 m Höhe aus dem SuperHD-Modell (Quelle: www.kachelmannwetter.com)*

Vegetationsbrände (Waldbrand- und Graslandfeuerindex, Fire-Weather-Index):

Wahrscheinlich ist zudem auch, dass die Zahl der Vegetationsbrände (Wald- und Flächenbrände) ansteigen wird, die Wahrscheinlichkeit wird sich zumindest deutlich erhöhen. Der vom DWD im Bereich der Wetterwarnungen entwickelte Waldbrandgefahrenindex und der Graslandfeuerindex werden insoweit künftig zusätzliche, nützliche Vorhersageparameter. Beide Indizes stellen insoweit das meteorologische Potential für die Gefährdung eines Waldes bzw. einer Fläche durch ein Brandereignis dar.

In die Berechnungsmodelle fließen u. a. die Lufttemperatur, die relative Luftfeuchtigkeit, die Windgeschwindigkeit, die Niederschlags- oder Schneemenge sowie die kurz- und langwellige Strahlung ein. Im Ergebnis entspricht das errechnete Potential der möglichen Feuerintensität bzw. der Zündbereitschaft (die Art, die Höhe und die Dichte des Bewuchses etc. werden hierbei nicht in die Berechnungen der meteorologischen Parameter einbezogen), weshalb auch die Waldbrandgefahrenstufen durch die jeweiligen Bundesländer individuell festgelegt werden, in aller Regel aber auf dem Waldbrand- bzw. dem Graslandfeuerindex aufbauen.

Langanhaltende Trockenheit bzw. Dürreperioden (wie zuletzt im Sommer 2018) erhöhen damit das Feuerrisiko dem Grunde nach. Sofern dann auch die anderen

6.6 Radardaten, Messwerte und weitere nützliche Parameter

Parameter passen, steigt das Risiko eines Vegetationsbrandes entsprechend an. Sobald schließlich eine Zündung (aus welchen Gründen auch immer) erfolgt ist, bieten der Waldbrandindex und der Graslandfeuerindex auch sehr gute Orientierung hinsichtlich des Ausbreitungspotentials, wenn auch zusätzlich noch die Windprognosen in die Lageeinschätzung mit einbezogen werden.

Tabelle 12: *Waldbrand- und Graslandfeuerindizes lt. DWD*

Stufe 1	= sehr geringe Gefahr
Stufe 2	= geringe Gefahr
Stufe 3	= mittlere Gefahr
Stufe 4	= hohe Gefahr

Bei der Kachelmann-Gruppe steht bei verschiedenen Modellen der sog. Fosberg Fire-Weather-Index als Prognoseparameter zur Verfügung. Er basiert auf einer ähnlichen, fast identischen Berechnung des meteorologischen Risikos eines Wald- oder Flächenbrandes.

sonstige Parameter und Daten:
Nützliche Informationen können auch den Prognosen und Messwerten der bodennahen Temperaturen (in 5 cm Höhe) sowie natürlich auch der 2 m-Lufttemperaturen entnommen werden. Wetterbeobachtungen werden nach dem sog. synoptischen Schlüssel mit entsprechenden Symbolen in Karten dargestellt; allerdings ist hier zu beachten, dass die Daten nicht so ohne Weiteres zu lesen bzw. zu interpretieren sind. Hier muss man als Laie auf jeden Fall eine Übersicht mit der Bedeutung der Symbole zu Rate ziehen. Gerade während der Winterzeit bieten sich auch Messdaten der Messstationen an Straßen (v. a. Bundesstraßen und Autobahnen) an, um Informationen zum Fahrbahnzustand zu erhalten (z. B. Eisglätte, Schneeglätte, Reif), die für Einsatzkräfte von Bedeutung sein können (z. B. gerade bei Freiwilligen Feuerwehren, die bei einem Alarm zunächst zum Gerätehaus fahren müssen).

Satellitenbilder:
Von den meisten (seriösen) Wetterdiensten werden auch Satellitenaufnahmen unterschiedlicher Art und Qualität zur Verfügung gestellt. Mitunter sind solche Satellitenaufnahmen faszinierend anzuschauen, aber für Laien schwer zu deuten. Zur Interpretation großräumiger Strukturen in Satellitenbildern gibt es eigenständige

6 Fallbeispiele und Tipps für die Einsatzvorbereitung

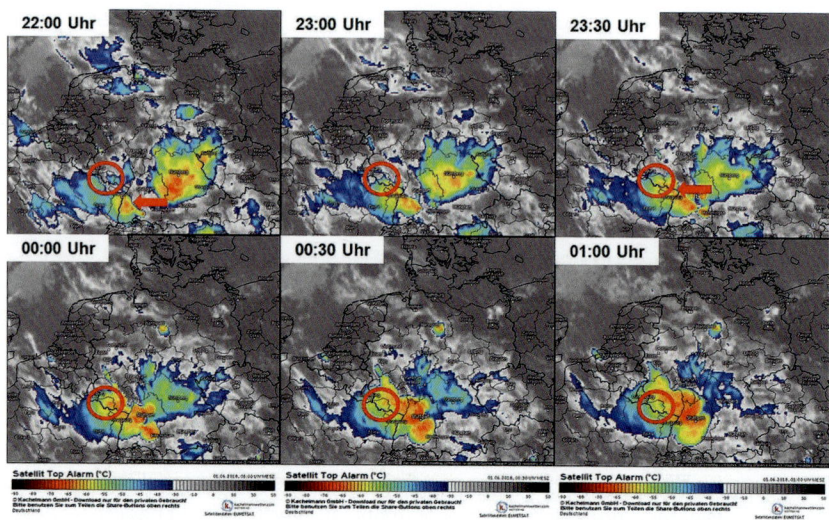

Bild 91: Satelliten-Top-Alarm-Aufnahmen vom 31.05.2018, 22 Uhr, bis zum 01.06.2018, 1 Uhr. Die Wolkenobergrenzentemperaturen lagen zwischen -60° und -75 °C (gelbe bis rötliche Markierungen) und waren sehr hochreichend (Quelle: www.kachelmannwetter.com) → Unwetterlage u. a. im Saarland, vgl. Kap. 6.3)

Ausbildungsliteratur (z. B. M. Kurz, W. Benesch: Interpretation großräumiger Strukturen in Satellitenbildern, DWD-Selbstverlag, Offenbach/Main, 1994).

Es gibt Satellitenkartendarstellungen, die für Unwetterlagen einen Anhaltspunkt hinsichtlich der Einschätzung der Wetterlage geben können. Gewitterwolken reichen sehr hoch in die Atmosphäre, die für diese Wolken (Cumulonimben) typische Ambosform kommt eben deshalb zustande, weil die Wolke an ihre obere Grenze gerät und sich nicht mehr weiter nach oben, sondern nur zu den Seiten ausbreiten kann. In den sog. Top-Alarm-Satellitenbildern werden die Temperaturen an den Wolkenobergrenzen erfasst und grafisch dargestellt. Hier muss man als Betrachter und Nutzer lediglich wissen, dass je niedriger die Temperaturen sind, desto höher die Wolkenobergrenze ist.

Werden entsprechend niedrige Temperaturen erfasst, reichen die betroffenen Wolken sehr hoch, was in aller Regel für eine starke Gewitterzelle spricht. Zieht man dann die Vorhersagen aus hochauflösenden Modellen hinzu, die für eine bestimmte Region Unwetterereignisse (Starkregen oder Gewitter) vorhersagen und betrachtet hier zusätzlich die Entwicklung der Wolkenhöhe anhand der Top-Alarm-Aufnahmen, lässt sich leicht abschätzen, wie kräftig eine Gewitterzelle ausgebildet ist und über welche Energie sie damit verfügt.

In Abhängigkeit vom jeweils genutzten Wetterdienst wird eine unterschiedliche Anzahl an Daten zur Verfügung gestellt. Man sollte sich hier von der Fülle nicht abschrecken lassen, sondern sich in alle Ruhe und mit der gebotenen Sorgfalt mit den Daten beschäftigen, sich ggf. weiter Informationen einholen und die Daten nutzen. Nur so kann man die für sich und v. a. für seine Region sinnvollen bzw. notwendigen Parameter zusammenstellen. Gleichwohl gilt auch bei den Wetterdaten: Je mehr Daten vorliegen, desto besser ist man informiert und desto besser lassen sich Entscheidungen treffen.

6.7 Planung, Bilanzierung und Einsatzauswertungen

Die rechtlichen Pflichten der Kommunen in Deutschland im Bereich der nichtpolizeilichen Gefahrenabwehr beinhalten u. a. nicht nur die akute Gefahrenabwehr bei bereits entstandenen Schäden (kurative Tätigkeiten), sondern auch alle vorbereitenden Maßnahmen (präventive Tätigkeiten). Letzteres umfasst natürlich die Informationsbeschaffung, deren Bewertung und Weitergabe. Die nichtpolizeilichen Gefahrenabwehrbehörden sind daher verpflichtet, alle ihnen zur Verfügung stehenden Informationsmöglichkeiten über drohende, wetterbedingte Schadenlagen zu nutzen (vgl. Müller, 2019). Eine ausführliche Übersicht über die daraufhin zu treffenden Maßnahmen und einzuleitenden Schnitte kann dem Fachbuch von Fabian Müller »Unwetterlagen effizient bewältigen« entnommen werden.

Was wetterbedingte Schadenlagen betrifft, steht eine Vielzahl an Datenquellen (Vorhersagearchiv, Warnlagearchiv, Radardaten, Messwerte, Satellitenbilder etc.) zur Verfügung. Hier ist es empfehlenswert, sich bei der Auswahl eines Wetterdienstes bzw. mehrerer Wetterdienstleister auch zu erkundigen, ob ein Datenarchiv über alle zur Verfügung gestellten Wetterdaten vorhanden ist. Dies ist aus Gründen der Dokumentation ebenso wichtig wie für künftige Einsatzplanungen oder auch die Aus- und Fortbildung der Einsatz- und Führungskräfte (z. B. im Rahmen von Planspielen). Die Wetterparameter, deren Auswirkungen in aller Regel bei unwetterartigen oder extremen Ereignissen die Gefahrenabwehrbehörden im Einsatz fordern, sollen nicht nur im Einsatzfall bzw. im Vorfeld zur Verfügung stehen, sondern auch im Anschluss daran in Form eines Archivs (über alle Parameter und auch alle Modellläufe) und einer Datenbank mit den entsprechenden tatsächlichen Messwerten (ebenfalls über alle maßgebenden Wetterparameter) zugänglich und nutzbar sein.

6 Fallbeispiele und Tipps für die Einsatzvorbereitung

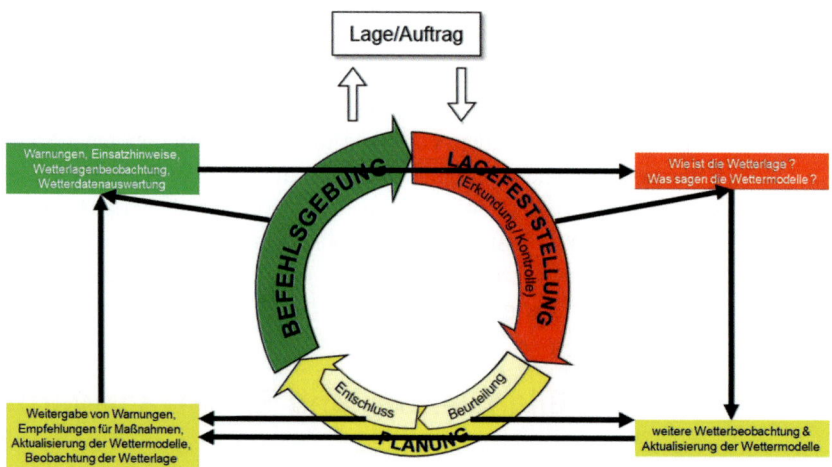

Bild 92: *Der Führungsvorgang nach FwDV 100 im Rahmen der Meteorologie*

Jede Kommune muss sich zukünftig auf den Schutz vor den Auswirkungen von Extremwetterereignissen (Präventionsmaßnahmen) ebenso einstellen wie auf einen weiteren Anstieg der Schadensbegrenzungs- und Schadenbeseitigungsmaßnahmen (Kurativmaßnahmen, Einsatzaufwand). Extremwetterereignisse werden wohl nicht mehr allzu oft die Ausnahmen sein wie früher; ob und inwieweit Extremwetterlagen künftig »Normalwetter« sind, ist vom aktuellen Stand der Forschung absolut nicht vorhersagbar. Wenn sich Kommunen sicher fühlen, weil Starkregenereignisse oder ähnliches bisher (noch) nicht eingetreten sind, trügt der Schein aber. Wetter ist – wie mehrfach erwähnt – chaotisch und unberechenbar und der Klimawandel ist nunmehr ein weiterer unbekannter Faktor in der Wettergleichung. Aber eine gute Kenntnis der Lage hilft, die Bevölkerung frühzeitig vor Naturgefahren zu warnen und sich als Gefahrenabwehrbehörde vorzubereiten.

Konflikte, Fehleinschätzungen, Fehlentscheidungen und Fehlverhalten gab es dort, wo Menschen tätig sind, schon immer. Das wird sich auch zukünftig nicht ändern. Aber es ist möglich, mit ausreichenden und vor allem nützlichen Informationen und einer ständigen Aktualisierung der Informationsdaten sowie des benötigten Equipments das Risiko von Konflikten zu reduzieren: Dies gilt in besonderem Maße für wetterbedingte Schadenereignisse. Niemand muss von Wetter überrascht werden, schon gar nicht von Extrem- oder Unwetterereignissen, man muss nur bereit und in der Lage sein, entsprechende Daten rechtzeitig und ständig abrufen und auch

6.8 Wetter-Apps

aktualisieren zu können. Nützliche Informationsquellen sind in Zeiten der Digitalisierung durchaus und nachgewiesenermaßen vorhanden.

Für die Planung, Bilanzierung und die künftige Einsatzplanung (sowie selbstredend auch zur Dokumentation) sind künftig auch die Wetterdaten auszuwerten und kritisch zu bewerten:

- Lagen die Informationen rechtzeitig vor?
- Waren die Informationen brauchbar? Sofern man Wettermodelle vergleichen kann: Welches Modell lieferte im konkreten Fall die beste Vorhersage?
- Waren die »Live-Tools« (Radar, Stormtracking, Sturzfluthinweise, Blitzradar) nützlich?
- Reichen die Messdaten abschließend aus, um ggf. für künftige Einsatzplanungen nutzen zu können (Windböenmaxima, Niederschlagsmengen, Temperaturen)?
- …

6.8 Wetter-Apps

Um es vorweg zu nehmen: Seien Sie vorsichtig mit Wetter-Apps! Das heißt nicht, dass alle Wetter-Apps gleichermaßen schlecht oder zumindest fragwürdig oder wenig brauchbar sind. Es gibt in der Tat gute bis sehr gute Wetter-Apps, die auch für Feuerwehren und die Gefahrenabwehrbehörden insgesamt sinnvoll nutzbar sind, gute und nützliche Informationen enthalten, die auch graphisch und textlich brauchbar dargestellt werden. Aber es gibt – wie so oft – auch und gerade in diesem Sektor Apps, deren Verwendung eher nicht für die Einsatzpraxis empfehlenswert ist.

Auf nahezu allen Smartphones sind Wetter-Apps vorinstalliert. Diese Apps sind in aller Regel kostenlos, was aber im Wesentlichen darauf zurückzuführen ist, dass sie zum einen Werbung enthalten (was grundsätzlich unproblematisch ist), zum anderen jedoch fast ausschließlich die Daten des US-amerikanischen Wettermodells (GFS – Global Forecast System) nutzen. Dieses Modell ist sehr grob aufgelöst und bildet keine verlässlichen Regionalvorhersagen ab. Vielfach wird in solchen Wetter-Apps auch auf Messdaten Bezug genommen, die tatsächlich überhaupt nicht vorhanden sind; die als »Messwerte« dargestellten Angaben werden in solchen Fällen meist aus den Daten umliegender Stationen interpoliert, d. h. errechnet oder besser gut geschätzt. Es gibt aber auch kostenlose Wetter-Apps, die zumindest für den »Hausgebrauch« in Ordnung sind. Die Erfahrung zeigt jedoch, wer Detailangaben und v. a. verlässliche und gesicherte Wetterprognosen haben möchte oder haben

6 Fallbeispiele und Tipps für die Einsatzvorbereitung

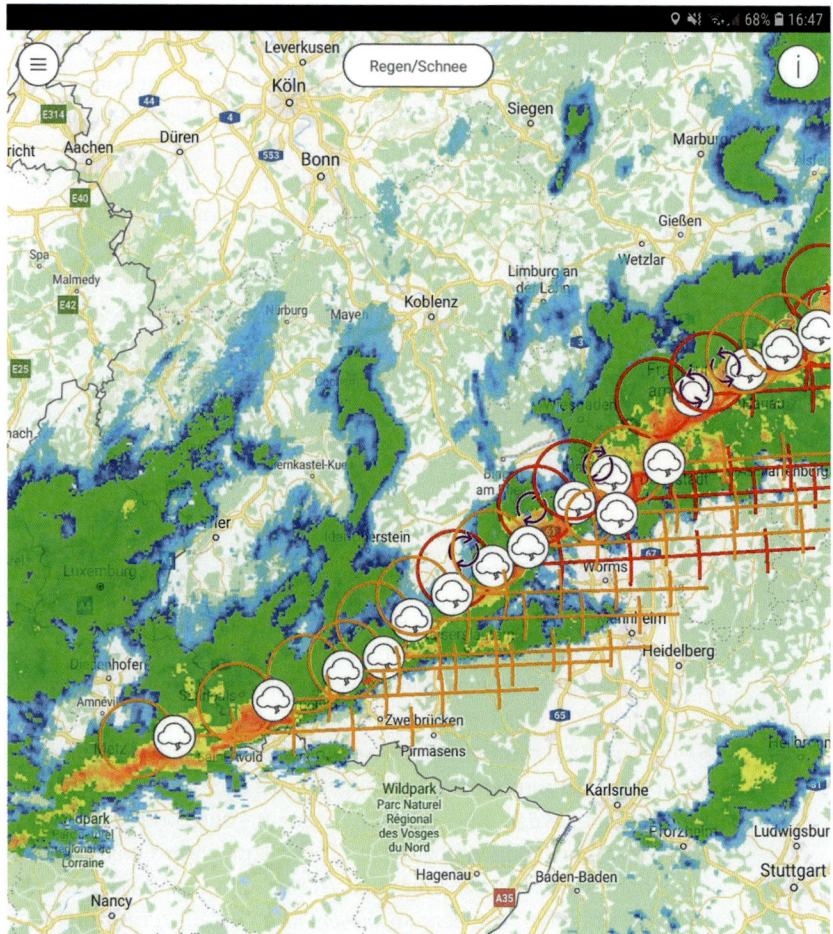

Bild 93: *Pflotsh-Storm am 23.09.2018, 16:47 Uhr*

muss, der muss auf andere Wetter-Apps, die mitunter kostenpflichtig sein können, zurückgreifen. Hier sollte und muss man sich vorab auf jeden Fall erkundigen. Eine empfehlenswerte Wetter-App ist die Warnwetter-App des DWD, die auch Grundlage für KatWarn ist. Aus meiner Sicht muss die DWD-App auf jedem Smartphone oder Tablet einer Führungskraft installiert sein.

Empfehlenswert und aus eigener Erfahrung heraus bestätigt sind die kostenpflichtigen Wetter-Apps der Kachelmann-Gruppe, die unter der Bezeichnung

6.8 Wetter-Apps

»Pflotsh« verbreitet werden. „Pflotsh-Storm z. B. beinhaltet das Live-Radar (inkl. Prognose und Stormtracking), das bei Unwetterlagen nützlich ist, wenn man keinen Rechner zur Hand hat.

Literaturtipp:
Müller, Fabian: Unwetterlagen effizient bewältigen, Kohlhammer Verlag, 2019.

7 Wetterdienste und Wetterdienstleister (Auswahl, Überblick)

Wetter ist ein Geschäftsmodell mit Zukunftschancen. Es gibt weltweit eine unüberschaubare Vielzahl an Wetterdiensten, aber auch an Wetterdienstleistern. Der staatliche Wetterdienst für Deutschland ist der Deutsche Wetterdienst (DWD) als Bundesoberbehörde mit Sitz in Offenbach/Main. Der DWD hat gesetzliche Pflichtaufgaben, wie z. B. Warnung vor Unwettern etc., durchzuführen. Daneben gibt es aber auch im deutschsprachigen Raum weitere Wetterdienstleister, die entsprechende Wetterdaten und -vorhersagen – überwiegend gegen Entgelt, aber teilweise auch kostenfrei – zur Verfügung stellen.

Welchen Wetterdienst man nutzt, muss man selbst entscheiden. Wichtig im Zusammenhang mit kostenpflichtigen Angeboten ist letztendlich das zur Verfügung stehende Budget. Wichtig ist auch, mit welchen Daten von welchem Anbieter man am besten zurechtkommt und welcher Dienstleister die (für den jeweiligen Bereich) brauchbarsten Daten liefert.

Es empfiehlt sich verschiedene Anbieter und ihre jeweiligen Angebote zu vergleichen; idealerweise sollten die Vergleichszeiträume identisch sein, um einen wirklichen Abgleich zu erhalten. Sinnvoll ist zudem zu erfahren, auf welchen Wettermodellen die Vorhersagen beruhen bzw. welche Wettermodelle genutzt werden (siehe Kap. 3.2 → je höher die Auflösung, desto besser die Vorhersagequalität). Darüber hinaus sollten auch Radardaten und Satellitenbilder sowie Messdaten zur Verfügung stehen. Wenn zudem noch Meteorlogen als Ansprechpartner über eine »Hotline« (telefonisch, per Email, online etc.) zur Verfügung stehen, sollte man diesen Umstand unbedingt in seine Entscheidung einfließen lassen. Das »Gesamtpaket« muss stimmen. Trotzdem sind Vorhersagen nach wie vor schwierig und können auch einmal daneben liegen. Das liegt aber an der Komplexität des Wetters; es ist eben ein chaotisches System.

Im Folgenden ist eine Auswahl an Anbietern mit den jeweiligen Kontaktmöglichkeiten aufgelistet (Stand Juni 2019):

7 Wetterdienste und Wetterdienstleister (Auswahl, Überblick)

Tabelle 13: *Auswahl verschiedener Wetterdienste und Wetterdienstleister in Deutschland*

Kachelmann GmbH	Dorfplatz 2 CH – 6417 Sattel (Schweiz) Tel.: 0041 – 415300 – 200 E-Mail: info@kachelmann.com Internet: www.kachelmannwetter.com www.wetterkanal.kachelmannwetter.com
Wettermanufaktur GmbH	Bessemer Straße 16 12103 Berlin Tel.: 030 – 95999101 – 0 E-Mail: info@wettermanufaktur.de Internet: www.wettermanufaktur.de
Deutscher Wetterdienst (DWD)	WV1EM6 – Basisvorhersagen/Vertrieb/SWIS – Niederlassung Essen – Wallneyer Straße 10 45133 Essen Die Niederlassung Essen ist für Unwetterwarnungen zuständig. Tel.: 069 – 8062 – 6901 E-Mail: dwd.essen@dwd.de Internet: www.dwd.de
Meteogroup Deutschland GmbH	Am Studio 20a 12489 Berlin Tel.: 030 – 60098 – 0 E-Mail: germany@meteogroup.com Internet: www.meteogroup.com
Q-Met GmbH	Hagenauer Straße 1a 65203 Wiesbaden Tel.: 0611 – 89052 – 0 E-Mail: info@qmet.de Internet: www.wetter.net

7 Wetterdienste und Wetterdienstleister (Auswahl, Überblick)

Tabelle 13: *Auswahl verschiedener Wetterdienste und Wetterdienstleister in Deutschland – Fortsetzung*

Wetterkontor GmbH	Gartenfeldstraße 2
	55218 Ingelheim
	Tel.: 06132 – 89958 – 0
	E-Mail: info@wetterkontor.de
	Internet: www.wetterkontor.de
UBIMet GmbH	Schönfeldstraße 8
	D 76131 Karlsruhe
	Tel.: 721 – 663 – 23 0
	E-Mail: german@ubimet.com
	Internet: www.ubimet.com

Wichtig ist, dass man als Gefahrenabwehrbehörde Wetter- und Warninformationen ohne Irritationen (global, regional, v. a. lokal) erhält, die einem eine Interpretation der Gefahrenlage sowohl eindeutig als auch schnell ermöglichen, um angemessene und schnelle Entscheidungen treffen zu können. Erst dadurch lässt sich eine bessere Planung des Einsatzes von Ressourcen durchführen, und eine effektivere und – das gehört auch dazu – kostengünstigere bzw. effizientere Koordination und Ausführung gewährleisten.

8 Das Wetter in der Feuerwehrpraxis

Kenntnisse über eine relevante, wetterbedingte Gefahrenlage erfordern Maßnahmen in eigener Zuständigkeit. Aber aufgrund der Komplexität meteorologischer Vorgänge und der damit auch verbundenen unterschiedlichen Dynamik von Wetterereignissen, die zu solchen Gefahrenlagen führen können, bedarf es natürlich entsprechender Vorbereitung und Ablaufplanung.

Es ist wohl unbestritten, dass bei einer hohen Eintrittswahrscheinlichkeit wetterbedingter Schadenereignisse bzw. wetterbedingter Gefahrenlagen vorbereitende Maßnahmen (im Idealfall schon gemäß interner Planungen) erforderlich, auf jeden Fall aber sinnvoll sind.

Nach jedem Wetterereignis, das zur Schäden bzw. Einsätzen geführt hat, steht die Auswertung und Bilanzierung an. Dabei geht es nicht nur um die Einsatzberichte und die Einsatzstatistiken, sondern auch um die Auswertungen des Wetterereignisses selbst:

- Hat die (Vor-)Warnkette funktioniert?
- Waren die Prognosen zutreffend?
- Waren die genutzten Modelle bzw. Parameter geeignet, um die jeweilige Wetterlage einzuschätzen?
- War der Umfang der genutzten Daten ausreichend?
- Sind brauchbare Messwerte und sonstige Wetterdokumentationen vorhanden, die für spätere Planungen (als Orientierungshilfe) und auch für die Einsatzdokumentation insgesamt (betroffenes Schadensgebiet?) herangezogen werden können?
- Wo gab es Probleme hinsichtlich der Wetterprognosen und auch der Live-Wetterdaten?
- …

Sofern es Kritik an den zur Verfügung gestellten Wetterdaten, v. a. was die Vorhersagen betrifft, gibt, sollte man sich auch nicht scheuen, den betroffenen Wetterdienst zu informieren und sich kritisch mit der Thematik auseinander zu setzen; ggf. können für zukünftige Ereignisse entsprechende Korrekturen an Wetterparametern durchgeführt oder dynamisch angepasst werden.

8 Das Wetter in der Feuerwehrpraxis

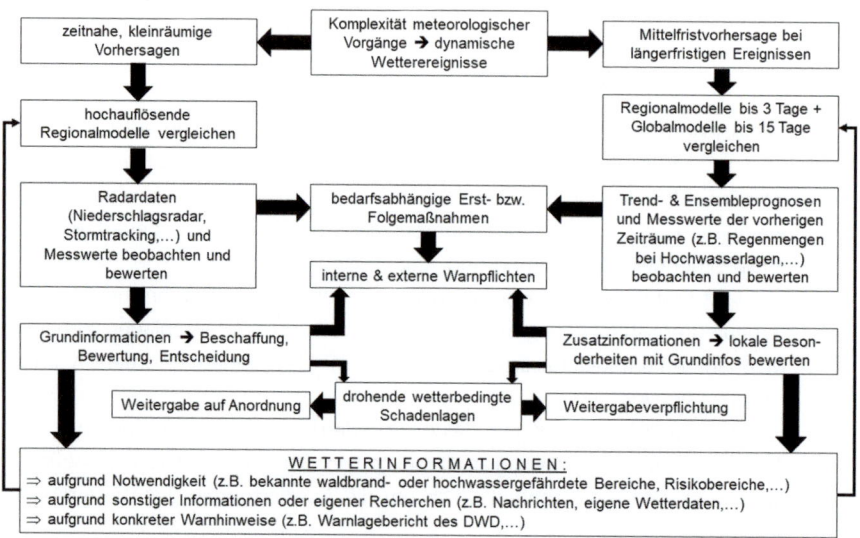

Bild 94: *Ablaufschema bei wetterbedingten Schadenereignissen*

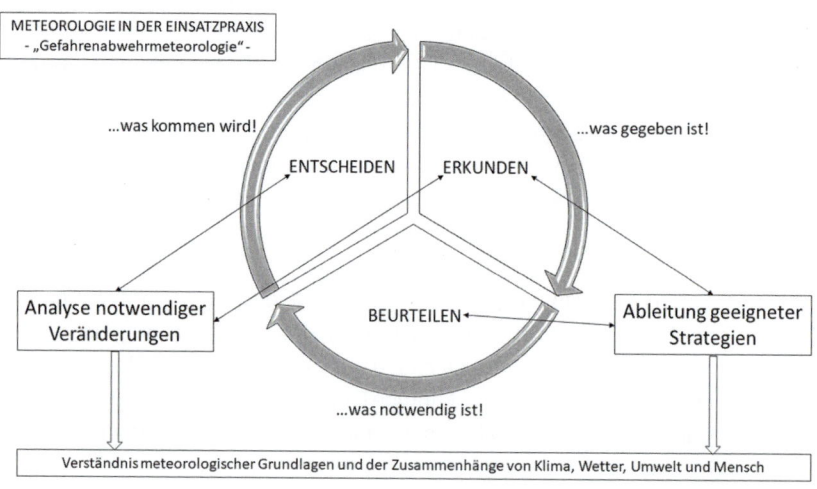

Bild 95: *Gefahrenabwehrmeteorologie, basierend auf dem Führungsvorgang nach FwDV 100 (vgl. Bild 92)*

Nachwort und Danksagung:

»Kaum, dass ein Schimmer des Morgens graute, stieg schon auf von der Himmelsgründung schwarzes Gewölk (…), jegliches Helle in Dunkel verwandelnd (…). Sechs Tage und sieben Nächte geht weiter der Wind, die Flut, ebnet der Orkan das Land« (Gilgamesch-Epos, ~700 v. Chr., in der Übersetzung von George Smith, 1872).

Es ist gut, dass es das Wetter gibt, denn sonst würde uns ja der Gesprächsstoff fehlen und für mich gäbe es nicht die Grundlage, mich mit dem Wetter und seinen Auswirkungen in allen Varianten zu beschäftigen und jetzt auch noch ein Buch für Feuerwehren darüber zu schreiben.

Im Laufe meines Feuerwehrlebens habe ich schon einige Unwetterereignisse miterlebt, in meiner Anfangszeit 1993 sogar ein Jahrhunderthochwasser im Saarland, das sich zwischenzeitlich mehrmals an anderer Stelle in Deutschland (leider) wiederholt hat (der Begriff ist irgendwie aufgebraucht). Da die Extrem- und Unwetterereignisse wohl nicht weniger, dafür aber die Vorhersagen immer genauer und vor allem besser werden, sollte es auch für die Feuerwehren möglich sein, sich mit dem Wetter zu beschäftigen oder sich zumindest etwas weitergehend damit zu befassen.

In der gebotenen Kürze ist es definitiv nicht möglich, ein meteorologisches Lehrbuch zu verfassen; darauf habe ich im Vorwort schon hingewiesen. Mir ging es vielmehr darum, etwas Grundwissen zu vermitteln, wenngleich auch das ein oder andere Detail etwas stark vereinfacht dargestellt werden musste. Ich hoffe aber, dass es mir gelungen ist, anhand von aktuellen Fallbeispielen und anschaulichen Abbildungen die Grundzüge des faszinierenden und immer wieder interessanten Themas »Meteorologie« näherzubringen und auch etwas Verständnis für die Meteorologinnen und Meteorologen zu wecken, die tagtäglich ihr Bestes geben, um eine gute und verlässliche Wettervorhersage für uns zu erstellen. Wo gearbeitet wird, gibt es Fehler – das gilt umso mehr für das chaotische System Wetter. Die Wetterküche ist zwar berechenbar, aber ab und zu gibt es in ihr auch ein Durcheinander, das eine Vorhersage schwierig macht oder gar (ganz) daneben liegen lässt. In Zukunft sollen die Feuerwehren nicht mehr nur auf die Meteorologinnen und Meteorologen schimpfen, sie können sich ja nun selbst ein Bild vom Wetter machen. Zu hoffen bleibt, dass nun Anrufe wie der folgende beim Wetterdienst künftig ausbleiben mögen: »Hallo! Ich wollte Ihnen nur mitteilen: Die Feuerwehr pumpt gerade ein Meter fünfzig Ihrer leichten Bewölkung aus meinem Keller.«

Ich danke allen, die mich bei meinem Vorhaben, dieses kleine Buch über Meteorologie für Feuerwehren zu schreiben, unterstützt haben. Ich danke auch

Nachwort und Danksagung:

allen, denen ich im Laufe der vergangenen Jahre mit dem Thema Wetter immer und immer wieder auf die Nerven gegangen bin und die mich trotzdem – oder vielleicht sogar gerade deswegen – haben nerven lassen. Ich danke dem Kohlhammer Verlag, Frau Elisabeth Hanuschkin und Herrn Christoph Wöhrle, für ihr Interesse an dem Projekt, die Unterstützung und vor allem die Geduld, bis das Manuskript endlich vorlag – Wetter ist nun einmal etwas Dynamisches und hat mir während des Schreibens immer wieder aktuellere oder noch bessere Wetterereignisse geliefert (die europa- und weltweiten Ereignisse habe ich nicht erwähnt, vielleicht ein anderes Mal).

Ich danke auch den Wetterdiensten und ihren Meteorologinnen und Meteorologen, mit denen ich in der Vergangenheit zusammengearbeitet habe. Namentlich möchte hier insbesondere die Meteorologen und EDVler erwähnen, mit denen ich mich immer wieder gerne »online« austausche: Jörg Kachelmann, Fabian Ruhnau, Clemens Grohs, Peter Hinteregger, Janek Zimmer, Thomas Sävert. Frank Abel und Daniel Rüd (allesamt von der Kachelmann-Gruppe), Friedrich Föst, Gregor Neubarth und Jörg Riemann (von der Wettermanufaktur), Ronny Büttner (Meteogroup) und, und, und....

Ich danke vor allem auch meiner Familie, die mich in den Wochen und Monaten des Planens und Schreibens ebenfalls ertragen mussten, allen voran meiner Partnerin und ihrer Tochter, die die tägliche Wetterlage über sich ergehen lassen durften (auch im Urlaub).

Jens Motsch

Literatur- und Quellenverzeichnis

ALLABY, Michael: Oxford Dictionary of Geology & Earth Sciences, Oxord-University-Press, Oxford, 2013.
ALISCH, Tatjana: Naturkatastrophen, Compact-Verlag, München, 2007.
ALISCH, Tatjana: Klimawandel, Klimaschutz, Compact-Verlag, München, 2008.
BÄCKER, Donald/AHEIMER, Frank: Wettervorhersage wie ein Profi, BLV-Buchverlag, München, 2017.
BAUER, Jürgen/MACK, Wolfgang/NÜBLER, Wilfried/RENTZMANN, Klaus (Hrsg.): Mensch und Raum – Seydlitz Physische Geographie, Cornelsen/Schroedel, 1989.
BENDER, Hans-Ulrich/FETTKÖTER, Wolfgang/KÜMMERLE, Ulrich/OLBERT, Günter/VON DER RUHREN, Norbert (Hrsg.): Fundamente – Geographisches Grundbuch für die Sekundarstufe II, Klett-Perthes, Stuttgart, 1994.
BEYER, Ralf: Starkregen und Sturzfluten, ecomed-Sicherheit, Landsberg am Lech, 2016.
BILLWITZ, Konrad/BRICKS, Wolfgang/RAUM, Bernd/RINGEL, Gudrun (Hrsg.): Geografie – Basiswissen Schule, Dudenverlag, Berlin, 2012.
BOHR, P. et al.: Leitfäden für die Ausbildung im Deutschen Wetterdienst Nr. 1 – Allgemeine Meteorologie, Selbstverlag des DWD, Offenbach, 3. Auflage 1987.
BOTT, Andreas: Synoptische Meteorologie – Methoden der Wetteranalyse und -prognose, Springer-Spektrum, 2. Auflage 2016 [zit. Bott 2016].
BRANDT, Karsten: Das Wetter – Beobachten, Verstehen, Voraussagen, Anaconda-Verlag, Köln, 2018.
BUNDESAMT FÜR BEVÖLKERUNGSSCHUTZ UND KATASTROPHENHILFE (Hrsg.): Die unterschätzten Risiken Starkregen und Sturzfluten – ein Handbuch für Bürger und Kommunen, Bonifatius, Bonn, 2015.
DEUTSCHER WETTERDIENST (Hrsg.): promet-meteorologische Fortbildung, Heft 99, Regionale Klimamodellierung I – Grundlagen, Offenbach, 2017.
DEUTSCHER WETTERDIENST (Hrsg.): promet-meteorologische Fortbildung, Heft 100, Strahlungsbilanzen, Offenbach, 2018.
DEUTSCHER WETTERDIENST (Hrsg.): Schadensrückblick des DWD für die letzten 12 Monate – Gefährliche Wetterereignisse und Wetterschäden in Deutschland, Offenbach, 2018 [zit. DWD 2018].
DIERCKE-Weltatlas, Westermann-Verlag, Braunschweig, 2015 [zit. Diercke 2015].
DUNLOP, Storm: Oxford Dictionary of Weather, Oxford-University-Press, Oxford, 2008 [zit. Dunlop 2008].
DUNLOP, Storm: Wetter – Klimaphänomene in spektakulären Bildern, Gerstenberg-Verlag, Hildesheim, 2006 [zit. Dunlop 2006].
DURSCHMIED, Eric: Als die Römer im Regen standen – der Einfluss des Wetters auf den Lauf der Geschichte, Bastei-Lübbe, Berlin, 2002 [zit. Durschmied 2002].
EIKELBERG, Tim: Notfallplanung in Städten und Gemeinden, Forum-Verlag Herkert, Merching, 2015.
FOKEN, Thomas: Angewandte Meteorologie – Mikrometeorologische Methoden, Springer-Spektrum, 3. Auflage 2016.
FRY, Juliane L./GRAF, Hans-F./GROTJAHN, Richard/RAPHAEL, Marilyn/SAUNDERS, Clive/WHITAKER, Richard: National Geographic – Die Enzyklopädie des Wetters und des Klimawandels, Syndey/Hamburg, 2010.
GABL, Karl: Bergwetter – Praxiswissen vom Profi zur Wetterbeobachtung und Tourenplanung, Bruckmann-Verlag, 2014.
GEORGII, Walter: Wettervorhersage – die Fortschritte der synoptischen Meteorologie (wissenschaftliche Forschungsberichte/naturwissenschaftliche Reihe), Verlag von Theodor Steinkopff, Frankfurt/Main, 1924.
GEOGRAPHISCH-KARTOGRAPHISCHES INSTITUT MEYER (Hrsg.): Die Geographie – Schülerduden, Dudenverlag Mannheim/Leipzig/Wien/Zürich, 2. Auflage 1991.

Literatur- und Quellenverzeichnis

HÄCKEL, Hans: Meteorologie, Verlag Eugen Ulmer, Stuttgart, 6. Auflage 2008.
HÄCKEL, Hans: Wetter & Klimaphänomene, Ulmer-Naturführer, Stuttgart, 2. Auflage 2007.
HÄCKEL, Hans: Wolken und andere Phänomene am Himmel, Ulmer-Naturführer, Stuttgart, 2. Auflage 2010.
IPCC (Intergovernmental Panel On Climate Change): Management des Risikos von Extremereignissen und Katastrophen zur Förderung der Anpassung an den Klimawandel, Bonn, 2012 [zit. IPCC 2012].
IPCC (w. v.): 1,5 °C globale Erwärmung (Sonderbericht über die Folgen einer globalen Erwärmung), 2018 [zit. IPCC 2018].
KACHELMANN, Jörg/DRÖSSER, Christoph: Das Lexikon der Wetterirrtümer, Rowohlt-Taschenbuch-Verlag, Hamburg, 2006.
KACHELMANN, Jörg/SCHÖPFER, Siegfried: Wie wird das Wetter? – eine leicht verständliche Einführung für jedermann, Rowohlt-Taschenbuch-Verlag, Hamburg, 2006.
KIRCHBERG, Günter/WALTER, Klaus: Geozonen und Landschaftsökologie, Dudenverlag, Berlin, 1994.
KLOSE, Brigitte: Meteorologie – eine interdisziplinäre Einführung in die Physik der Atmosphäre, Springer-Spektrum, 3. Auflage 2016.
KRAUS, Helmut: Die Atmosphäre der Erde – eine Einführung in die Meteorologie, Springer-Verlag, Berlin/Heidelberg, 3. Auflage 2004.
KRAUS, Helmut/EBEL, Klaus: Risiko Wetter – Die Entstehung von Stürmen und anderen atmosphärischen Gefahren, Springer-Verlag, Berlin/Heidelberg, 2003.
KRÜGER, Lutz: Wetter und Klima – Beobachten und Verstehen, Springer-Verlag, Berlin/Heidelberg, 1994.
KÜHNE, Olaf: Wetter, Witterung und Klima im Saarland, Saarland-Hefte 2 des Instituts für Landeskunde im Saarland (IfLiS), Saarbrücken, 2004.
KURZ, Manfred: Leitfäden für die Ausbildung im Deutschen Wetterdienst Nr. 8 – Synoptische Meteorologie, Selbstverlag des DWD, Offenbach, 2. Auflage 1990.
KURZ, Manfred/BENESCH, Wolfgang: Hinweise für die Interpretation von Satellitenbildern – Teil 2: Interpretation großräumiger Strukturen in Satellitenbildern, Selbstverlag des DWD, Offenbach, 1994.
KUTTLER, Wilhelm/MIETHKE, Anja/DÜTEMEYER, Dirk/BARLAG, Andreas-Bent: Das Klima von Essen/ The Climate of Essen, Westarp-Verlagsgesellschaft, Hohenwarsleben, 2015.
KUTTLER, Wilhelm: Klimatologie, UTB-Schöningh, 2009.
LAIDLAW, Julienne: Regen, Hagel und Schnee, Mildenberger-Verlag, Offenburg, 2015.
LATIF, Mojib: Warum der Eisbär einen Kühlschrank braucht... und andere Geheimnisse der Klima- und Wetterforschung, Herder-Verlag, Freiburg, 2014.
LEAHY, Stephen: Extreme Wetterereignisse könnten in Zukunft 50 % häufiger auftreten, in: National Geographic v. 08.11.2018 [zit. Leahy 2018].
LEHMANN/MEMPEL/COUMOU: Increased occurence of record-wet and record-dry months reflect changes in mean rainfall, in: Geophyiscal Research Letters (Studie des Potsdam-Instituts für Klimafolgenforschung – PIK), 2018 ([zit. Lehmann u. a. 2018]).
MAYHEW, Susan: Oxford Dictionary of Geography, Oxford-University-Press, Oxford, 2015.
MORRISON, Ian: Grundwissen – das Wetter, Carl-Habel-Verlag, Darmstadt, o. J.
MÜLLER, Fabian: Unwetterlagen effizient bewältigen, Kohlhammer Verlag, 2019. [zit. Müller 2019].
NEU, Urs: Do-it-yourself-Wettervorhersage – Leicht gemacht mit der Höhendruckkarte, Haupt-Verlag, Bern, 2016.
OKE, Timothy R./MILLS, Gerald/CHRISTEN, Andreas/VOOGT, James A.: Urban Climates, University Printing House, Cambridge UK, 2017.
OTT, Matthias/HOFMANN, Marc Peter/BÖGER, Nils: Einsatz bei Extremwetterereignissen – Abwehr wetterbedingter Gefahren, Einsatzorganisation und -vorbereitung, Unfallverhütung und Einsatzgrenzen, ecomed-Sicherheit, Landsberg am Lech, 2018 [zit.: Ott 2018].
PLÖGER, Sven/BÖTTCHER, Frank: Klimafakten, Schriftenreihe Nr. 1734 der Bundeszentrale für politische Bildung (bpb), Bonn, 2016.

Literatur- und Quellenverzeichnis

PRAXIS GEOGRAPHIE – Heft 4/2011: Donnerwetter! Wetter und Klima vor Ort, Westermann-Verlag, 2011.

PRAXIS GEOGRAPHIE – Heft 5/2015: Anpassung an den Klimawandel – Regionale Folgen und Maßnahmen, Westermann-Verlag, 2015.

PRAXIS GEOGRAPHIE – Heft 11/2016: Mensch und Wetter – Methodenvielfalt zur Erarbeitung von Wetterphänomenen, Westermann-Verlag, 2016.

ROTH, Günter D.: Die BLV-Wetterkunde – Das Standardwerk, BLV-Buchverlag, München, 2015.

SCHLENKER, Rolf/PLÖGER, Sven: Wo unser Wetter entsteht – eine meteorologische Reise, Belser-Verlag, Stuttgart, 2015.

SCHLENKER, Rolf/PLÖGER, Sven: Wie Wind unser Wetter bestimmt – auf Wettertour mit Sven Plöger, Belser-Verlag, Stuttgart, 2017.

SCHULZ, Torsten: Die kleine Gewitterkunde – physikalische Vorgänge rund um das Wetter, Theophrast-Verlag, Brieselang, 2017.

SPANDAU, Lutz/WILDE, Peter: Klima – Basiswissen, Klimawandel, Zukunft, Ulmer-Naturführer, Stuttgart, 2008.

HANN, Julius von/SÜRING, Reinhard: Hann-Süring – Lehrbuch der Meteorologie, Verlag von Chr. H. Tauchnitz, Leipzig, 1926.

THILLET, Jean-Jacques/SCHUELLER, Dominique: Wetter im Gebirge – Beobachtung, Vorhersage, Gefahren, Bergverlag Rother, München, 2013.

VON RUSCHKOWSKI, Katharina: Der überhitzte Planet, in: GEOkompakt »Die Macht des Wetters«, S. 96ff, Gruner+Jahr, Hamburg, 2018 [zit. Ruschkowski 2018].

ZMARSLY, Ewald/KUTTLER, Wilhelm/PETHE, Hermann: Meteorologisch-klimatologisches Grundwissen – Einführung mit Übungen, Aufgaben und Lösungen, Verlag Eugen Ulmer, Stuttgart, 3. Auflage 2007.

Internetseiten

(Auswahl, nicht abschließend, Reihenfolge ohne jede Wertigkeit, Stand Juni 2019):

Webadresse:	Bemerkung:
www.dwd.de	Offizielle Internetseite des Deutschen Wetterdienstes (DWD)
www.wettergefahren.de	Offizielle Warnlagenseite des Deutschen Wetterdienstes (DWD)
www.opendata.dwd.de	kostenlose DWD-Geodaten; umfangreiche Hintergrundinfos zum Open-Data-Server hier: https://www.dwd.de/DE/leistungen/opendata/opendata.html
www.kachelmannwetter.com	Internetseite des privaten Wetterdienstes der Kachelmann-Gruppe mit Sitz in der Schweiz mit zahlreichen Wettermodellen und weiteren Tools
www.wetterkanal.kachelmannwetter.com	Internetseite des privaten Wetterdienstes der Kachelmann-Gruppe, auf der Erklärvideos, Live-Ticker u. v. m. zu den verschiedensten Wetter-themen präsentiert werden
www.weather.us/www.weathermodels.com	Englischsprachige Internetseite des privaten Wetterdienstes der Kachelmann-Gruppe
www.wetter24.de	Öffentliche Seite des privaten Wetterdienstes Meteogroup Deutschland GmbH mit Sitz in Berlin
www.unwetterzentrale.de	eigene Unwetterwarnseite des privaten Wetterdienstes Meteogroup Deutschland GmbH
www.meteogroup.de/ www.glaette24.de	Internetseite des privaten Wetterdienstes Meteogroup Deutschland GmbH, Glätte24 speziell für Winterdienste (kostenpflichtig)
www.estofex.org	Internetseite des European Storm Forecast Experiment (englischsprachig)
www.wxcharts.eu	Private Internetseite mit einigen Wettermodellen zum Vergleich (englischsprachig)

Internetseiten

Webadresse:	Bemerkung:
www.modellzentrale.de	Private Internetseite mit einigen Wettermodellen zur Auswahl
www.wettermanufaktur.de/www.einsatzwetter.de	Internetseite des privaten Wetterdienstes Wettermanufaktur GmbH mit Sitz in Berlin (kostenpflichtig)
www.wetterpate.de	Internetseite des meteorologischen Instituts der FU Berlin: Hier erhalten die Hochs und die Tiefs ihre Namen
www.berliner-wetterkarte.de	Internetseite eines eingetragenen Vereins, der umfangreiche Wetterinformationen veröffentlicht (teilweise kostenfrei, überwiegend aber kostenpflichtig im Abo)

2019. 244 Seiten. Kart. € 24,–
ISBN 978-3-17-034500-3

Führung

Fabian Müller

Unwetterlagen effizient bewältigen
Organisatorische und taktische Hinweise für Feuerwehren

Örtliche Feuerwehren werden zunehmend mit extremen Unwetterlagen konfrontiert. Dabei liegt die große Herausforderung weniger in der handwerklich-technischen Bewältigung der einzelnen Einsatzstellen, sondern vielmehr in der Organisation und Führung der Flächenlage. Daher werden die Weichen für eine erfolgreiche Einsatzbewältigung nicht an der Einsatzstelle vor Ort, sondern im »Führungshaus« der Gemeinde gestellt.

In seinem Buch beschreibt der Autor ein ganzheitliches Konzept zur effizienten Bewältigung von flächigen Unwetterlagen auf Gemeindeebene. Neben organisatorischen und taktischen Hinweisen zur Führung und Disposition werden auch (unwetter-)spezifische Führungs- und Einsatzmittel vorgestellt. Ergänzt wird das Buch durch umfangreiche digitale Vorlagen, die als Download bereitgestellt werden. Dem Leser werden beispielsweise mit den Checklisten für die Führungshausfunktionen, dem Formular „Dokumentation von Unwettereinsätzen" sowie der Mustervorlage für eine „Planübung Unwetterlage" praxisbezogene Arbeitsmittel zur Verfügung gestellt.

Fabian Müller ist Leiter der Integrierten Leitstelle der Berufsfeuerwehr Stuttgart.

Leseproben und weitere Informationen: www.kohlhammer-feuerwehr.de

W. Kohlhammer GmbH
70549 Stuttgart